COURS DE LA FACULTÉ DES SCIENCES DE PARIS
PUBLIÉS PAR L'ASSOCIATION AMICALE DES ÉLÈVES ET ANCIENS ÉLÈVES
DE LA FACULTÉ DES SCIENCES

COURS DE PHYSIQUE MATHÉMATIQUE

THÉORIE ANALYTIQUE
DE LA
PROPAGATION
DE LA CHALEUR

Leçons professées pendant le premier semestre 1893-1894

PAR

H. POINCARÉ, MEMBRE DE L'INSTITUT

RÉDIGÉES PAR MM. ROUYER ET BAIRE
ÉLÈVES DE L'ÉCOLE NORMALE SUPÉRIEURE

PARIS
GEORGES CARRÉ, ÉDITEUR
3, RUE RACINE, 3

1895

THÉORIE ANALYTIQUE

DE LA

PROPAGATION DE LA CHALEUR

TOURS. — IMPRIMERIE DESLIS FRÈRES

COURS DE LA FACULTÉ DES SCIENCES DE PARIS
PUBLIÉS PAR L'ASSOCIATION AMICALE DES ÉLÈVES ET ANCIENS ÉLÈVES
DE LA FACULTÉ DES SCIENCES

COURS DE PHYSIQUE MATHÉMATIQUE

THÉORIE ANALYTIQUE
DE LA
PROPAGATION
DE LA CHALEUR

Leçons professées pendant le premier semestre 1893-1894

PAR

H. POINCARÉ, MEMBRE DE L'INSTITUT

RÉDIGÉES PAR MM. ROUYER ET BAIRE
ÉLÈVES DE L'ÉCOLE NORMALE SUPÉRIEURE

PARIS
GEORGES CARRÉ, ÉDITEUR
3, RUE RACINE, 3

1895

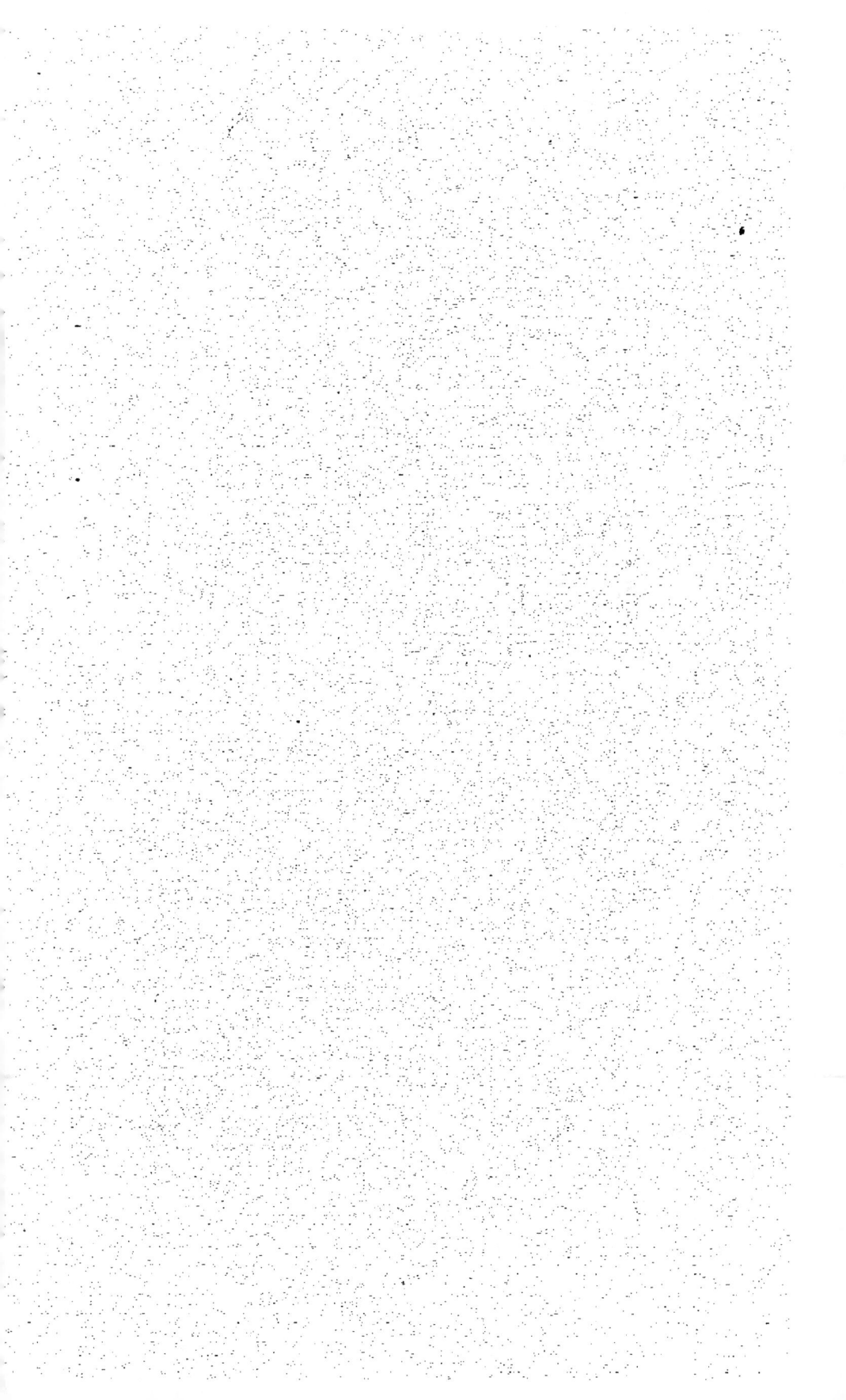

THÉORIE ANALYTIQUE
DE LA
PROPAGATION DE LA CHALEUR

CHAPITRE PREMIER

HYPOTHÈSES DE FOURIER. — FLUX DE CHALEUR

1. La théorie de la chaleur de Fourier est un des premiers exemples de l'application de l'analyse à la physique ; en partant d'hypothèses simples qui ne sont autre chose que des faits expérimentaux généralisés, Fourier en a déduit une série de conséquences dont l'ensemble constitue une théorie complète et cohérente. Les résultats qu'il a obtenus sont certes intéressants par eux-mêmes, mais ce qui l'est plus encore est la méthode qu'il a employée pour y parvenir et qui servira toujours de modèle à tous ceux qui voudront cultiver une branche quelconque de la physique mathématique.

J'ajouterai que le livre de Fourier a une importance capitale dans l'histoire des mathématiques et que l'analyse pure lui doit peut-être plus encore que l'analyse appliquée.

Rappelons d'abord succinctement quel est le problème que

s'est proposé Fourier : il a voulu étudier la propagation de la chaleur, mais il faut distinguer.

La chaleur peut, en effet, se propager de trois manières : par rayonnement, par conductibilité et par convection.

2. Rayonnement. — Soient deux corps placés à une certaine distance l'un de l'autre, tout se passe comme si le plus chaud cédait à l'autre de la chaleur. On admet qu'un corps qui se trouve dans un milieu transparent ou dans l'éther émet des radiations qui se comportent comme les radiations lumineuses ; plus sa température est élevée, plus il émet de radiations.

Supposons un corps solide c enfermé dans une enceinte E dont il est séparé par un milieu transparent ; le corps et l'enceinte émettront des radiations. Soit V_0 la température du corps C, V_1 la température de l'enceinte E.

Si :

$$V_0 = V_1$$

il y a équilibre de température.

Si :

$$V_0 < V_1$$

le corps est plus froid que l'enceinte, il émettra moins de radiations, le corps va s'échauffer et l'enceinte va se refroidir. Le contraire aurait lieu si l'on avait :

$$V_0 > V_1$$

L'équilibre de température par rayonnement ne peut donc s'établir que par une série de compensations dont l'étude serait fort intéressante, mais est étrangère à mon sujet.

3. Loi de Newton. — On admet que les échanges de chaleur sont régis par la loi de Newton :

La quantité de chaleur perdue par le corps est proportionnelle à $V_0 - V_1$.

Cette loi n'est qu'approximative et ne peut être considérée comme exacte que si $V_0 - V_1$ est petit.

De plus, on peut admettre que la quantité de chaleur rayonnée soit fonction seulement de la différence des températures : elle doit dépendre aussi des températures absolues des corps en présence.

Par exemple, dans le cas où :

$$V_0 = 0 \qquad V_1 = 1$$

et dans le cas où :

$$V_0 = 500 \qquad V_1 = 501$$

la quantité de chaleur rayonnée ne sera pas la même.

4. Conductibilité. — Considérons un corps solide. Si les différents points de ce corps ne sont pas à la même température, ces températures tendent à s'égaliser.

Fig. 1.

Soit par exemple une barre ABCD (*fig.* 1).

Supposons que l'on chauffe AB. Dans ce mode de propagation, AB ne peut pas céder directement de la chaleur à CD. La partie CD ne pourra s'échauffer qu'après que la partie BC se sera échauffée elle-même. De sorte que l'on

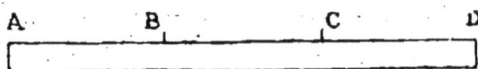

peut se représenter les molécules du solide comme émettant des radiations qui sont rapidement absorbées par les molécules voisines.

5. Convection. — Quand les différents points d'un fluide sont à des températures différentes, il se produit des mouvements intérieurs qui mélangent les parties inégalement chaudes et égalisent rapidement les températures.

Ce phénomène porte le nom de convection. De ces trois modes de propagation nous étudierons seulement le second, c'est-à-dire la propagation par conductibilité. C'est là, en effet, l'objet essentiel de la théorie de Fourier.

FLUX DE CHALEUR

6. Hypothèse fondamentale de Fourier. — Soient deux molécules m_0, m_1, d'un corps quelconque, soient V_0, V_1 leurs températures respectives, et soit p leur distance.

Fourier admet que pendant le temps dt la molécule m_0 cède à la molécule m_1 une quantité de chaleur égale à :

$$dQ = \varphi(p)(V_0 - V_1)\,dt$$

$\varphi(p)$ étant une fonction de p, négligeable dès que p a une valeur sensible.

Cette dernière hypothèse n'est que la traduction du fait que nous avons énoncé plus haut : il n'y a pas échange direct de chaleur entre deux parties d'un corps éloignées l'une de l'autre.

L'hypothèse de Fourier est restrictive, car elle suppose que la quantité de chaleur cédée par la molécule m_0 à la molécule m_1 ne dépend que de la différence des températures et nullement de ces températures elles-mêmes.

Fourier n'aurait pas fait de restriction si, au lieu de la formule :

$$dQ = \varphi(p)(V_0 - V_1)\,dt$$

il avait admis la suivante :

$$dQ = \varphi(p, V_0)(V_0 - V_1)\,dt$$

En effet, la quantité de chaleur cédée ne dépend évidemment que de p, V_0 et V_1 ; elle peut donc se représenter par :

$$dQ = \varphi(p, V_0, V_1)\,dt.$$

ce que l'on peut écrire :

$$dQ = \varphi[p, V_0, V_0 + (V_1 - V_0)]\,dt$$

ou, en développant suivant les puissances croissantes de $(V_0 - V_1)$ qui est très petit, puisque les molécules sont très voisines :

$$dQ = [\varphi(p, V_0, V_0) + \psi(p, V_0)(V_0 - V_1) + \ldots..]\,dt$$

Le premier terme $\varphi(p, V_0, V_0)$ est évidemment nul et, en négligeant les puissances de $V_0 - V_1$ supérieures à la première, on a :

$$dQ = \psi(p, V_0)(V_0 - V_1)\,dt$$

7. Conséquences de l'hypothèse de Fourier. — En admettant l'hypothèse de Fourier :

$$dQ = \varphi(p)(V_0 - V_1)\,dt$$

on voit que, si toutes les températures sont augmentées d'une même constante, la quantité de chaleur reste la même.

Si elles sont multipliées par une même constante, la quantité de chaleur sera également multipliée par cette constante.

8. Flux de chaleur. — Nous avons dit que $\varphi(p)$ était négligeable dès que p devient supérieur à une certaine limite. Soit ε cette limite.

Considérons un élément de surface $d\omega$ très petit en valeur absolue, mais infiniment grand par rapport à ε (*fig.* 2).

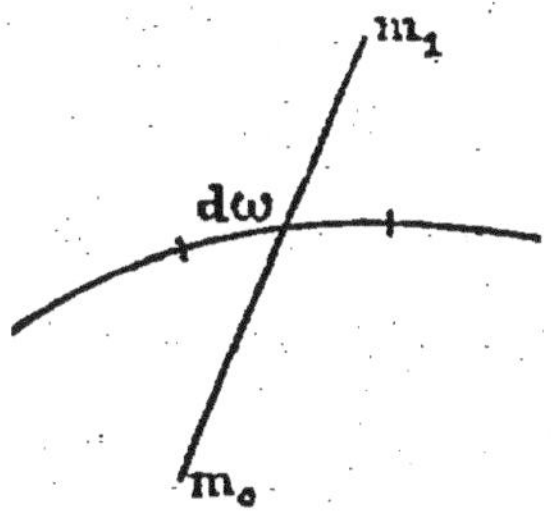

Fig. 2.

Soient deux molécules m_0, m_1 situées de part et d'autre de l'élément $d\omega$; m_0 cède à m_1 une certaine quantité de chaleur; considérons tous les couples de molécules tels que $(m_0 m_1)$ et faisons la somme des quantités de chaleur correspondantes. Cette somme est, par définition, le *flux de chaleur* qui traverse l'élément $d\omega$.

D'après ce que nous avons dit plus haut, si toutes les températures sont augmentées d'une même constante, le flux de chaleur reste le même; si elles sont multipliées par un même nombre, le flux de chaleur est multiplié par ce nombre.

9. Considérons un corps possédant un plan de symétrie P, et supposons que la distribution des températures soit également symétrique par rapport à ce plan P. Le flux de chaleur relatif à un élément $d\omega$ pris dans ce plan est évidemment nul.

Il en sera encore de même si, sans être lui-même symétrique, le corps est tel que la distribution des températures le soit. Cela résulte de ce que les échanges de chaleur ne se ont qu'entre des molécules très voisines. On peut par conséquent, sans que le flux change, supprimer les portions du corps qui ne sont pas contiguës à l'élément $d\omega$, et réduire le corps à une petite sphère ayant pour centre cet élément. Cette sphère étant symétrique par rapport au plan P, nous sommes ramenés au cas précédent.

Considérons maintenant un corps symétrique par rapport à un point O, et supposons aussi la distribution des températures symétriques par rapport à ce point. Le flux de chaleur sera le même en valeur absolue pour deux éléments $d\omega$ et $d\omega'$ symétriques par rapport au point O.

Il en sera encore de même pour la même raison que plus haut, si la distribution des températures seulement est symétrique.

Si, enfin, la distribution des températures est telle que deux points m et m' symétriques par rapport au point O aient des températures égales et de signes contraires, les flux relatifs à deux éléments symétriques seront égaux en valeur absolue. Il en sera encore de même si la somme des températures de deux points symétriques, au lieu d'être nulle, est égale à une constante quelconque :

10. Problème. — Soit un corps quelconque ; supposons que la loi des températures soit la suivante :

$$V = ax + b$$

Soit un élément $d\omega$ situé dans un plan parallèle à Ox. La distribution des températures est symétrique par rapport au plan de cet élément ; donc le flux de chaleur qui le traverse est nul. De même, le flux de chaleur à travers la surface latérale d'un cylindre parallèle à Oz est nul, puisque les éléments de cette surface latérale ont leur plan parallèle à Oz.

Considérons maintenant deux éléments plans perpendiculaires à Oz, par exemple deux petits carrés égaux ; soient α et α' leurs centres. Joignons $\alpha\alpha'$; soit o_1 le milieu (*fig.* 3).

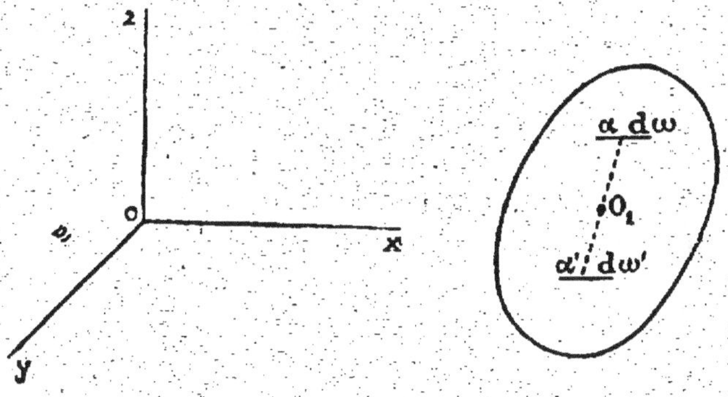

FIG. 3.

Soient z_0 et z_1 les ordonnées des deux éléments, et ζ celle du point O_1 ; on a :

$$\zeta = \frac{z_0 + z_1}{2}$$

La distribution des températures est telle que la somme des températures de deux points symétriques par rapport à O_1 est constante. En effet, on a :

$$V_0 + V_1 = a(z_0 + z_1) + 2b$$
$$V_0 + V_1 = 2(a\zeta + b)$$

Donc les deux flux à travers les éléments $d\omega$ et $d\omega'$ sont égaux ; par suite, le flux est constant à travers un élément de surface quelconque parallèle à xOy.

Considérons un élément $d\omega$ quelconque, fini ou non, dans le plan des xy, ou dans un plan parallèle. Le flux de chaleur à travers cet élément est proportionnel à $d\omega$; par suite, on peut le représenter par :

$$A \, d\omega \, dt$$

A, étant indépendant de z, ne peut dépendre que de a et b. Il ne dépend pas de b, puisqu'on peut faire varier b sans changer le flux. Si on multiplie toutes les températures par une même constante, le flux est multiplié par cette constante. Donc A est proportionnel à a.

Par suite, le flux de chaleur peut s'écrire:

$$-\,\mathrm{K}a \, d\omega \, dt$$

K est une constante qu'on appelle *coefficient de conductibilité.*

11. Soit maintenant un élément $d\omega$ d'orientation quelconque, faisant un angle α avec le plan des xy. Considérons un plan parallèle au plan des xy et infiniment voisin de cet élément, et considérons le cylindre projetant l'élément $d\omega$ sur ce plan (*fig.* 4). La projection de cet élément est :

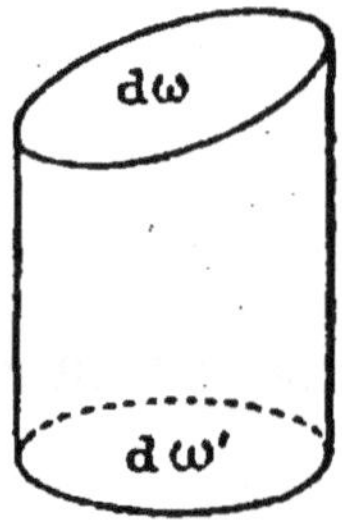

Fig. 4.

$$d\omega' = d\omega \cos \alpha.$$

Le volume du cylindre et, par suite, son poids P sont des infiniment petits du troisième ordre (en regardant comme du premier ordre les dimensions *linéaires* de $d\omega$). La somme algébrique des flux de chaleur à travers la surface totale du cylindre doit être du troisième ordre. En effet, le corps recevant dans l'unité de temps une quantité de chaleur égale à Q, l'élévation de température serait :

$$t = \frac{Q}{CP}$$

C étant la chaleur spécifique du corps.

Si Q était d'un ordre inférieur au troisième, cette élévation de température serait infinie. Q est donc du troisième ordre au moins et, par suite, négligeable en présence des infiniment petits du deuxième ordre.

Écrivons donc que le flux de chaleur à travers la surface totale est nul.

Le flux de chaleur à travers la surface latérale est nul ; il est donc le même pour les deux éléments $d\omega$ et $d\omega'$.

Le flux de chaleur pour la section droite est :

$$-Ka \cos\alpha \, d\omega \, dt$$

et c'est le même pour l'élément $d\omega$.

12. Supposons maintenant que nous ayons pour la loi des températures :

$$V = ax + by + cz + d$$

Un simple changement d'axes de coordonnées nous ramènera au cas précédent.

Considérons le plan P dont l'équation est :

$$ax + by + cz = 0$$

Les angles de la normale avec les axes sont donnés par les formules :

$$\cos\alpha = \frac{a}{R} \qquad \cos\beta = \frac{b}{R} \qquad \cos\gamma = \frac{c}{R}$$

en posant :

$$R = \sqrt{a^2 + b^2 + c^2}$$

D'où l'on tire :

$$V = R\,[x \cos\alpha + y \cos\beta + z \cos\gamma] + d$$

On obtient facilement le flux à travers un élément $d\omega$ faisant un angle φ avec le plan P. Prenons le plan P comme plan $x'Oy'$. On aura :

$$z' = x \cos\alpha + y \cos\beta + z \cos\gamma.$$

Et on a pour V l'expression :

$$V = Rz' + d$$

Le flux cherché est donc :

$$dQ = -\,KR \cos\varphi \; d\omega \; dt$$

Considérons en particulier des éléments parallèles aux trois plans de coordonnées. Ils font avec le plan P des angles respectivement égaux à α, β, γ. Par suite, les flux de chaleur à travers ces éléments seront respectivement :

$$-\,KR \cos\alpha \; d\omega \; dt = -\,Ka \; d\omega \; dt$$
$$-\,KR \cos\beta \; d\omega \; dt = -\,Kb \; d\omega \; dt$$
$$-\,KR \cos\gamma \; d\omega \; dt = -\,Kc \; d\omega \; dt.$$

13. Cas général. — Supposons maintenant que la distribution des températures soit quelconque.

Soit $V(x, y, z)$ la température en un point.

Soit $d\omega$ un élément de surface; (x_0, y_0, z_0), un point de cet élément; nous allons chercher le flux de chaleur à travers l'élément $d\omega$. Ce flux de chaleur ne dépend que de la température des points voisins de l'élément $d\omega$.

Soit (x, y, z) un tel point. Posons :

$$x = x_0 + \xi$$
$$y = y_0 + \eta$$
$$z = z_0 + \zeta$$

La température au point (x, y, z) aura pour expression :

$$V(x,y,z) = V(x_0,y_0,z_0) + \left[\left(\frac{dV}{dx}\right)_0 \xi + \left(\frac{dV}{dy}\right)_0 \eta + \left(\frac{dV}{dz}\right)_0 \zeta\right] + \cdots$$

Les quantités ξ, η, ζ, sont très petites. On peut donc négliger leurs carrés, et l'on a :

$$V(x,y,z) = V_0 + \left(\frac{dV}{dx}\right)_0 \xi + \left(\frac{dV}{dy}\right)_0 \eta + \left(\frac{dV}{dz}\right)_0 \zeta.$$

Appliquons les résultats établis dans le paragraphe précédent. Les flux de chaleur à travers des éléments perpendiculaires aux axes et passant par un point quelconque (x, y, z) seront respectivement :

$$-K \frac{dV(x,y,z)}{dx} d\omega\, dt.$$

$$-K \frac{dV(x,y,z)}{dy} d\omega\, dt.$$

$$-K \frac{dV(x,y,z)}{dz} d\omega\, dt.$$

Pour évaluer le flux de chaleur à travers un élément d'orientation quelconque, considérons un tétraèdre infiniment petit OABC ayant ses trois arêtes OA, OB, OC respectivement parallèles aux axes (*fig.* 5).

On démontrerait comme précédemment que la somme algébrique des flux de chaleur à travers les quatre faces est nulle aux infiniment petits du troisième ordre près.

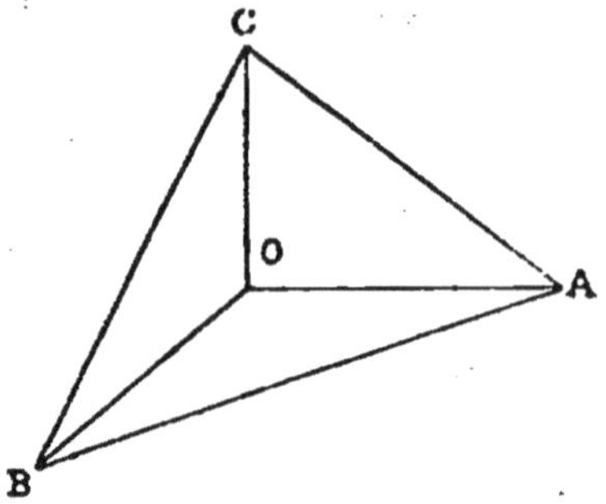

Fig. 5.

Soient α, β, γ les cosinus directeurs de la normale à l'élément ABC, dont la surface est $d\omega$. Les aires des trois autres faces seront respectivement :

$$\alpha\, d\omega, \qquad \beta\, d\omega, \qquad \gamma\, d\omega.$$

Appelons dQ le flux de chaleur à travers l'élément $d\omega$. On aura :

$$dQ = -\mathrm{K}\, d\omega\, dt \left(\alpha \frac{dV}{dx} + \beta \frac{dV}{dy} + \gamma \frac{dV}{dz}\right).$$

Pour préciser le signe du flux de chaleur, nous choisirons sur la normale à l'élément $d\omega$ un sens positif, et nous donnerons au flux le signe $+$ ou le signe $-$, suivant que le mouvement de la chaleur aura lieu dans le sens positif ou dans le sens négatif. On voit facilement avec ces conventions que le flux de chaleur est :

$$dQ = -\mathrm{K} \frac{dV}{dn}\, d\omega\, dt$$

$\frac{dV}{dn}$ étant la dérivée suivant la normale, prise dans un sens convenable.

14. Autre démonstration. — Le raisonnement de Fourier que nous venons de faire peut être remplacé par un calcul plus court

Soit un élément $d\omega$; considérons deux points m_0, m_1 de part et d'autre de l'élément $d\omega$. Soient :

$x_0, y_0, z_0,$ les coordonnées de m_0;

$x_0 + \xi, \quad y_0 + \eta, \quad z_0 + \zeta,$ celles de m_1;

et : $V_0, V_1,$ les températures.

La quantité de chaleur cédée par m_0 à m_1 est :

$$\varphi(p)(V_0 - V_1)\,dt.$$

Or, on a :

$$V_1 = V_0 + \left(\frac{dV_0}{dx_0}\xi + \frac{dV_0}{dy_0}\eta + \frac{dV_0}{dz_0}\zeta\right).$$

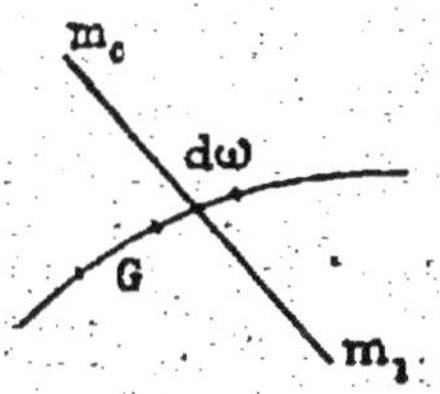

Fig. 6.

De plus, on peut remplacer x_0, y_0, z_0 dans les dérivées partielles par les coordonnées x, y, z du point G, centre de gravité de $d\omega$ (*fig.* 6).

On a alors :

$$V_1 - V_0 = \xi\frac{dV}{dx} + \eta\frac{dV}{dy} + \zeta\frac{dV}{dz}$$

et la quantité de chaleur cédée par m_0 à m_1 est, par suite :

$$-\varphi(p)\left[\xi\frac{dV}{dx} + \eta\frac{dV}{dy} + \zeta\frac{dV}{dz}\right]dt.$$

Le flux total à travers $d\omega$ est donc :

$$dQ = -dt\sum\varphi(p)\left(\xi\frac{dV}{dx} + \eta\frac{dV}{dy} + \zeta\frac{dV}{dz}\right).$$

Posons :

$$K\,d\omega = \sum \varphi(p)\,\xi$$

$$K'\,d\omega = \sum \varphi(p)\,\eta$$

$$K''\,d\omega = \sum \varphi(p)\,\zeta.$$

On aura :

$$dQ = -\,dt\,d\omega\left(K\frac{dV}{dx} + K'\frac{dV}{dy} + K''\frac{dV}{dz}\right).$$

Si nous rejetions l'hypothèse de Fourier, il faudrait dans les équations ci-dessus remplacer $\varphi(p)$ par $\varphi(p, V)$.

Alors K, K', K″ seraient des fonctions de la température.

Supposons l'élément $d\omega$ perpendiculaire à l'axe Ox. Si le corps est homogène, K, K', K″ seront les mêmes pour tout élément perpendiculaire à Ox. Ce seront des constantes non seulement par rapport à la température, mais encore par rapport à x, y, z. Si, de plus, le corps est isotrope, l'expression du flux de chaleur ne doit pas changer, quand on change y en $-y$, car tout plan est alors un plan de symétrie pour la constitution du corps. Donc $K' = 0$. De même $K'' = 0$. Et, si l'on change x en $-x$, le flux changera de signe, ce qu'on voit en effet sur la formule.

Le flux de chaleur à travers un élément $d\omega$ perpendiculaire à Ox sera donc :

$$-\,K\frac{dV}{dx}\,dt\,d\omega.$$

En raison de l'isotropie du corps, le flux de chaleur à travers des éléments perpendiculaires à Oy et Oz sera respectivement :

$$-K\frac{dV}{dy}\,dt\,d\omega$$

$$-K\frac{dV}{dz}\,dt\,d\omega.$$

la constante K étant la même.

Pour un élément $d\omega$ quelconque on aura :

$$dQ = -K\frac{dV}{dn}\,dt\,d\omega.$$

Le signe se détermine aisément en prenant l'axe des x parallèle à la normale à l'élément.

CHAPITRE II

ÉQUATION DU MOUVEMENT DE LA CHALEUR

15. Nous allons établir les équations du mouvement de la chaleur dans un corps.

Considérons un parallélipipède élémentaire ayant ses arêtes

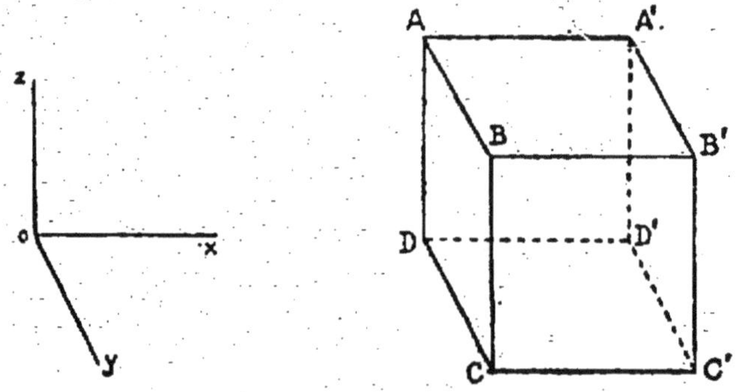

Fig. 7.

parallèles aux axes et ayant pour dimensions dx, dy, dz (*fig.* 7).

Nous allons évaluer de deux manières la quantité de chaleur qui entre dans ce parallélipipède.

Le flux de chaleur à travers ABCD, qui est perpendiculaire

à Ox, est :

$$- K\, dy\, dz.\, dt. \frac{dV}{dx}$$

Le flux de chaleur à travers A'B'C'D' est :

$$dy\, dz\, dt \left[K \frac{dV}{dx} + \frac{d}{dx} \left(K \frac{dV}{dx} \right) dx \right]$$

La somme de ces deux flux est donc :

$$dx\, dy\, dz.\, dt.\, \frac{d}{dx} \left(K \frac{dV}{dx} \right)$$

De même, pour les deux autres couples de faces, on aura :

$$dx\, dy\, dz\, dt \frac{d}{dy} \left(K \frac{dV}{dy} \right)$$

$$dx\, dy\, dz\, dt \frac{d}{dz} \left(K \frac{dV}{dz} \right)$$

La quantité de chaleur qui entre dans le paraléllipipède est par suite :

$$dx\, dy\, dz.\, dt. \left[\frac{d}{dx} \left(K \frac{dV}{dx} \right) + \frac{d}{dy} \left(K \frac{dV}{dy} \right) + \frac{d}{dz} \left(K \frac{dV}{dz} \right) \right]$$

D'autre part, cette quantité de chaleur est égale à :

$$D.C.\, dx\, dy.\, dz\, dV$$

D étant la densité du corps, C sa chaleur spécifique.

En égalant ces deux expressions, on a :

$$C.D. \frac{dV}{dt} = \frac{d}{dx} \left(K \frac{dV}{dx} \right) + \frac{d}{dy} \left(K \frac{dV}{dy} \right) + \frac{d}{dz} \left(K \frac{dV}{dz} \right)$$

Si nous adoptons l'hypothèse de Fourier, K est une constante.

Si nous ne l'adoptons pas, K sera fonction de la température, soit :

$$\frac{dK}{dV} = K'$$

On aura :

$$\frac{d}{dx}\left(K\frac{dV}{dx}\right) = K'\left(\frac{dV}{dx}\right)^2 + K\frac{d^2V}{dx^2}$$

etc.

L'équation devient donc :

$$C.D.\frac{dV}{dt} = K'\sum\left(\frac{dV}{dx}\right)^2 + K\sum\frac{d^2V}{dx^2}$$

Dans les applications, nous nous bornerons toujours à l'équation de Fourier qui a une forme linéaire. Nous supposerons donc $K' = 0$, et K constant, de sorte que l'équation sera :

$$\frac{dV}{dt} = \frac{K}{C.D}\Delta V$$

Nous négligerons les variations de C et D, et nous poserons :

$$\frac{K}{CD} = k.$$

L'équation du mouvement de la chaleur est donc :

$$\frac{dV}{dt} = k\,\Delta V$$

16. Transformation de coordonnées. — Nous allons voir ce que devient cette équation dans un système de coordonnées quelconques.

Soit :

$$x = \varphi_1(\xi, \eta, \zeta)$$
$$y = \varphi_2(\xi, \eta, \zeta)$$
$$z = \varphi_3(\xi, \eta, \zeta)$$

et prenons ξ, η, ζ pour coordonnées nouvelles.

Nous supposerons que nous avons un système triple orthogonal, ce qui est exprimé par les conditions :

$$\frac{dx}{d\xi}\frac{dx}{d\eta} + \frac{dy}{d\xi}\frac{dy}{d\eta} + \frac{dz}{d\xi}\frac{dz}{d\eta} = 0$$
$$\frac{dx}{d\eta}\frac{dx}{d\zeta} + \frac{dy}{d\eta}\frac{dy}{d\zeta} + \frac{dz}{d\eta}\frac{dz}{d\zeta} = 0$$
$$\frac{dx}{d\zeta}\frac{dx}{d\xi} + \frac{dy}{d\zeta}\frac{dy}{d\xi} + \frac{dz}{d\zeta}\frac{dz}{d\xi} = 0$$

Posons en outre :

$$\left(\frac{dx}{d\xi}\right)^2 + \left(\frac{dy}{d\xi}\right)^2 + \left(\frac{dz}{d\xi}\right)^2 = a^2$$
$$\left(\frac{dx}{d\eta}\right)^2 + \left(\frac{dy}{d\eta}\right)^2 + \left(\frac{dz}{d\eta}\right)^2 = b^2$$
$$\left(\frac{dx}{d\zeta}\right)^2 + \left(\frac{dy}{d\zeta}\right)^2 + \left(\frac{dz}{d\zeta}\right)^2 = c^2$$

On a :

$$ds^2 = dx^2 + dy^2 + dz^2$$

c'est-à-dire :

$$ds^2 = a^2\, d\xi^2 + b^2\, d\eta^2 + c^2\, d\zeta^2.$$

Considérons le solide (*fig.* 8) limité par les 6 surfaces :

$\xi = \xi_0$ (ABCD) $\qquad \xi = \xi_0 + d\xi$ (A'B'C'D')

$\eta = \eta_0$ (AA'DD') $\qquad \eta = \eta_0 + d\eta$ (BB'CC')

$\zeta = \zeta_0$ (AA'BB') $\qquad \zeta = \zeta_0 + d\zeta$ (CC'DD')

Le solide ainsi obtenu est assimilable à un petit parallélipipède rectangle en raison de l'orthogonalité du système.

Calculons les arêtes. Considérons BB' par exemple.

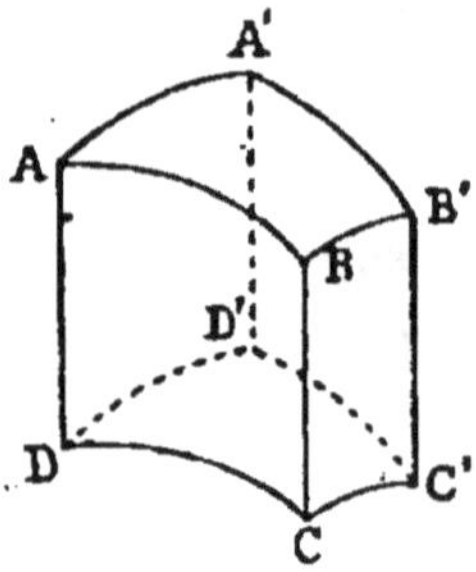

Fig. 8.

Les points B et B' ont pour coordonnées :

$$(\zeta_0, \eta_0 + d\eta, \zeta_0) \qquad (\xi_0 + d\xi, \eta_0 + d\eta, \zeta_0)$$

Donc la longueur de l'arête BB' est :

$$ds = a d\xi.$$

On voit donc que les dimensions du parallélipipède sont :

$$a d\xi \qquad b d\eta \qquad c d\zeta.$$

Le flux à travers ABCD est :

$$- \mathrm{K}\, d\omega\, dt \frac{d\mathrm{V}}{dn}$$

et l'on a :

$$d\omega = bc\, d\eta\, d\zeta$$
$$dn = a d\xi.$$

Donc le flux est :

$$- \mathrm{K}.\ \frac{bc}{a} \frac{d\mathrm{V}}{d\xi} d\eta\, d\zeta\, dt.$$

Le flux à travers A'B'C'D' est :

$$\mathrm{K}.\ \left[\frac{bc}{a} \frac{d\mathrm{V}}{d\xi} + \frac{d}{d\xi}\left(\frac{bc}{a} \frac{d\mathrm{V}}{d\xi}\right) d\xi\right] d\eta\, d\zeta\, dt.$$

La somme algébrique de ces deux flux est :

$$K. \frac{d}{d\xi}\left(\frac{bc}{a}\frac{dV}{d\xi}\right) d\xi \, d\eta \, d\zeta \, dt.$$

On obtient des expressions analogues pour les deux autres couples de faces.

En faisant la somme on obtient la quantité de chaleur qui entre dans le parallélipipède :

$$K. \, d\xi \, d\eta \, d\zeta \, dt \sum \frac{d}{d\xi}\left(\frac{bc}{a}\frac{dV}{d\xi}\right).$$

D'autre part, cette quantité de chaleur est :

$$CD. \, abc. \, d\xi \, d\eta \, d\zeta \, dV.$$

En égalant ces deux expressions et posant :

$$\frac{K}{CD} = k$$

on obtient l'équation du mouvement dans le système de coordonnées considéré :

$$(1) \quad \frac{abc}{k}\frac{dV}{dt} = \frac{d}{d\xi}\left(\frac{bc}{a}\frac{dV}{d\xi}\right) + \frac{d}{d\eta}\left(\frac{ca}{b}\frac{dV}{d\eta}\right) + \frac{d}{d\zeta}\left(\frac{ab}{c}\frac{dV}{d\zeta}\right)$$

17. Coordonnées semi-polaires. — On a :

$$x = \rho \cos \omega$$
$$y = \rho \sin \omega$$
$$z = z$$

Par suite :

$$ds^2 = d\rho^2 + \rho^2 \, d\omega^2 + dz^2.$$

D'où l'on déduit :

$$a = 1 \qquad b = \rho \qquad c = 1.$$

L'équation générale devient :

$$\frac{\rho}{k}\frac{dV}{dt}=\frac{d}{d\rho}\left(\rho\frac{dV}{d\rho}\right)+\frac{d}{d\omega}\left(\frac{1}{\rho}\frac{dV}{d\omega}\right)+\frac{d}{dz}\left(\rho\frac{dV}{dz}\right)$$

ou :

$$\frac{1}{k}\frac{dV}{dt}=\frac{1}{\rho}\frac{dV}{d\rho}+\frac{d^2V}{d\rho^2}+\frac{1}{\rho^2}\frac{d^2V}{d\omega^2}+\frac{d^2V}{dz^2}$$

18. Coordonnées polaires.

$$x = r\cos\varphi\sin\theta$$
$$y = r\sin\varphi\sin\theta$$
$$z = r\cos\theta.$$

On a :

$$ds^2 = dr^2 + r^2\sin^2\theta\,d\varphi^2 + r^2\,d\theta^2$$
$$a = 1 \qquad b = r\sin\theta \qquad c = r.$$

Substituons dans l'équation (1) du § 16 :

$$\frac{r^2\sin\theta}{k}\frac{dV}{dt}=2r\sin\theta\frac{dV}{dr}+r^2\sin\theta\frac{d^2V}{dr^2}$$
$$+\frac{1}{\sin\theta}\frac{d^2V}{d\varphi^2}+\cos\theta\frac{dV}{d\theta}+\sin\theta\frac{d^2V}{d\theta^2}$$

ou :

$$\frac{1}{k}\frac{dV}{dt}=\frac{2}{r}\frac{dV}{dr}+\frac{d^2V}{dr^2}+\frac{1}{r^2\sin^2\theta}\frac{d^2V}{d\varphi^2}+\frac{\cot g\,\theta}{r^2}\frac{dV}{d\theta}+\frac{1}{r^2}\frac{d^2V}{d\theta^2}$$

19. Reprenons l'équation de la chaleur dans le cas des coordonnées cartésiennes :

$$\frac{dV}{dt}=k\Delta V$$

Considérons un corps C à l'intérieur d'une enceinte remplie d'un fluide à la température V_0. Le corps perd de la chaleur par sa surface de deux manières :

1° Par rayonnement ; si l'on admet la loi de Newton, il perd une quantité de chaleur proportionnelle à $V - V_0$;

2° Par convection ; on admet que la quantité de chaleur perdue de cette manière est aussi proportionnelle à $V - V_0$.

De telle sorte que la quantité de chaleur perdue par un élément $d\omega$ de la surface est :

$$H \, d\omega \, dt \, (V - V_0)$$

H étant une constante déterminée pour chaque élément $d\omega$.

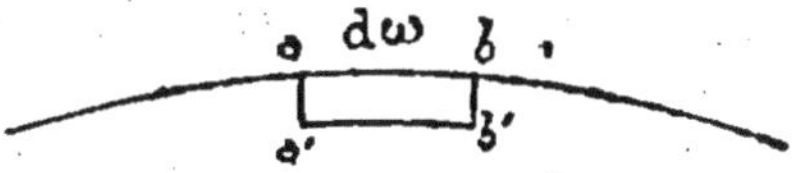

Fig. 9.

Considérons sur la surface un élément ab de surface $d\omega$ (*fig.* 9). Par chaque point de l'élément menons la normale à la surface S vers l'intérieur du corps, et portons sur chacune de ces normales une longueur constante ε infiniment petite.

On détermine ainsi un élément $a'b'$ égal et parallèle à ab.

Nous supposerons ε infiniment petit par rapport aux dimensions linéaires de $d\omega$; comme nous l'avons déjà fait, évaluons de deux manières différentes la quantité de chaleur gagnée par le petit cylindre dans le temps dt.

La quantité de chaleur gagnée par ab est :

$$- H \, d\omega \, dt \, (V - V_0)$$

La quantité de chaleur qui entre par $a'b'$ est :

$$- k \, d\omega \, dt \frac{dV}{dn}$$

La quantité de chaleur gagnée par la surface latérale, étant du même ordre de grandeur que cette surface elle-même, est négligeable par rapport aux quantités précédentes à cause de la petitesse supposée de ε. On a donc :

$$- H\,d\omega\,dt\,(V - V_0) - k\,d\omega\,dt\,\frac{dV}{dn} = \frac{dV}{dt}\,dt\,C.D.\varepsilon.\,d\omega$$

On voit que le second membre est infiniment petit par rapport au premier.

On a donc en divisant par $dt\,d\omega$:

$$h\,(V - V_0) + \frac{dV}{dn} = 0$$

en posant:

$$h = \frac{H}{k}$$

H peut ne pas être une constante absolue ; il peut dépendre, par exemple, du degré de poli du corps. En tout cas c'est une fonction des coordonnées du centre de gravité de l'élément $d\omega$. V_0 peut aussi varier. Nous supposerons que V_0 est aussi une fonction des coordonnées du centre de gravité de $d\omega$.

On peut se proposer deux problèmes différents :

1° Problème des températures variables ;

2° Problème des températures finales stationnaires.

20. Problème des températures variables. — On se donne la distribution des températures au temps $t = 0$, et l'on se propose de trouver quelle est la distribution au bout d'un temps quelconque.

Il s'agit donc de trouver une fonction $V\,(t, x, y, z)$ qui, pour tous les points intérieurs au corps et pour toutes les valeurs positives du temps, satisfasse à l'équation :

$$\frac{dV}{dt} = k\Delta V$$

telle que, pour tous les points de la surface du corps, on ait:

$$h(V-V_0)+\frac{dV}{dn} = 0$$

et qui, pour $t = 0$, se réduise à une fonction donnée:

$$\varphi(x, y, z)$$

h et V_0 sont des fonctions données des coordonnées de chaque point de la surface.

21. Problème des températures stationnaires. — On admet qu'à un certain moment la température ne varie plus, c'est-à-dire que l'équilibre calorifique est établi.

On se propose de chercher quelle est alors la distribution des températures.

Dans ces conditions on aura:

$$\frac{dV}{dt} = 0$$

V sera fonction seulement de x, y, z, et l'équation générale du mouvement se réduira à :

$$\Delta V = 0.$$

La condition à la surface sera la même que précédemment et l'on aura :

$$h(V - V_0) + \frac{dV}{dn} = 0.$$

On peut supposer comme cas limite $h = 0$.

On aura alors :

$$\frac{dV}{dn} = 0$$

Dans ce cas, la surface du corps est imperméable à la chaleur.

Un autre cas limite est celui où h est infini ; on a alors à la surface :

$$V = V_0$$

C'est ce qui arrive à très peu près, par exemple, quand le corps est plongé dans un liquide.

Si V_0 est constant, on peut supposer :

$$V_0 = 0$$

car le 0 des températures est arbitraire.

22. Nous allons démontrer que chacun de ces deux problèmes n'admet qu'une solution. Pour cela nous rappellerons le théorème de Green.

Soit une surface fermée S limitant un volume T ; soit $d\omega$ l'élément de surface, $d\tau$ l'élément de volume. Si U et V sont deux fonctions quelconques continues, ainsi que leurs dérivées du premier ordre à l'intérieur du volume, on a :

$$\iint U \frac{dV}{dn} d\omega = \iiint U \Delta V d\tau + \iiint \left(\frac{dU}{dx}\frac{dV}{dx} + \frac{dU}{dy}\frac{dV}{dy} + \frac{dU}{dz}\frac{dV}{dz} \right) d\tau$$

et dans le cas où $V = U$:

$$\iint V \frac{dV}{dn} d\omega = \iiint V \Delta V d\tau + \iiint \left[\left(\frac{dV}{dx}\right)^2 + \left(\frac{dV}{dy}\right)^2 + \left(\frac{dV}{dz}\right)^2 \right] d\tau$$

Supposons que le problème des températures variables ait deux solutions V et V'.

On aura pour tous les points intérieurs :

$$\frac{dV}{dt} = k\Delta V, \qquad \frac{dV'}{dt} = k\Delta V'$$

et à la surface:

$$h(V - V_0) + \frac{dV}{dn} = 0, \qquad h(V' - V_0) + \frac{dV'}{dn} = 0$$

et, enfin, pour $t = 0$:

$$V = V' = \varphi(xyz).$$

Soit :

$$W = V - V'.$$

On voit que l'on aura pour tous les points intérieurs :

$$\frac{dW}{dt} = k\Delta W$$

à la surface :

$$hW + \frac{dW}{dn} = 0$$

et, pour $t = 0$:

$$W = 0.$$

Il suffit de démontrer que W est nul, c'est-à-dire que, si dans le problème des températures variables les fonctions V_0 et φ sont nulles, la fonction V elle-même est constamment nulle.

Soit V la solution du problème dans ce cas. Considérons la fonction J :

$$J = \iiint \frac{V^2}{2}\, d\tau$$

étendue à tout le corps.

On aura :

$$J \geqq 0.$$

Différentions par rapport à t :

$$\frac{dJ}{dt} = \iiint V \frac{dV}{dt} \, d\tau.$$

Or, comme l'on a :

$$\frac{dV}{dt} = k\Delta V$$

on peut écrire :

$$\frac{dJ}{dt} = k \iiint V\Delta V \, d\tau.$$

Et, en transformant par la formule de Green :

$$\frac{dJ}{dt} = k \iint V \frac{dV}{dn} \, d\omega - k \iiint \sum \left(\frac{dV}{dx}\right)^2 d\tau.$$

Or, on a à la surface :

$$\frac{dV}{dn} = -hV.$$

Substituons dans la formule précédente, elle devient :

$$\frac{dJ}{dt} = -k \iint hV^2 \, d\omega - k \iiint \sum \left(\frac{dV}{dx}\right)^2 d\tau.$$

Comme h et k sont essentiellement positifs, on a :

$$\frac{dJ}{dt} \leqq 0.$$

Et, comme on a pour $t = 0$, $V = 0$, d'où :

$$J = 0.$$

on voit que l'on a, pour des valeurs positives du temps :

$$J \leqq 0.$$

Or nous avons déjà :

$$J \geqq 0.$$

Donc on a :

$$J = 0.$$

D'où, par conséquent :

$$V = 0.$$

Le résultat subsiste même dans le cas limite où, pour certains éléments de la surface, h est infini, car pour ces points on aurait :

$$V = 0$$

et l'intégrale :

$$\iint h V^2 \, d\omega = - \iint V \frac{dV}{dn} \, d\omega$$

resterait finie.

23. Considérons maintenant le problème des températures stationnaires, et supposons qu'il comporte deux solutions V et V′.

On aura pour tout point intérieur :

$$\Delta V = 0, \qquad \Delta V' = 0$$

et à la surface :

$$h(V - V_0) + \frac{dV}{dn} = 0, \qquad h(V' - V_0) + \frac{dV'}{dn} = 0.$$

ce qui donne, en posant :

$$W = V - V'$$
$$\Delta W = 0$$

pour les points intérieurs, et :

$$hW + \frac{dW}{dn} = 0$$

à la surface.

Il suffit donc de montrer que, si dans le problème des températures stationnaires V_0 est nulle, la fonction V est nulle.

Appliquons la formule de Green à la fonction V, en remarquant que l'on a :

$$\Delta V = 0, \qquad hV + \frac{dV}{dn} = 0.$$

On a alors :

$$-\iint hV^2 d\omega = \iiint \sum \left(\frac{dV}{dx}\right)^2 d\tau.$$

Le premier membre est négatif ou nul.

Le second est positif ou nul. On doit donc avoir :

$$V = 0.$$

Si h est infini, on voit, comme précédemment, que les résultats subsistent.

Si h est nul en tous les points de la surface, l'équation ci-dessus nous montre seulement que :

$$\frac{dV}{dx} = \frac{dV}{dy} = \frac{dV}{dz} = 0.$$

D'où :

$$V = \text{const.}$$

Alors le problème n'est pas entièrement déterminé. Pour trouver la constante, il faut se donner la quantité de chaleur enfermée dans le corps dont la surface est imperméable.

Le cas où h est infini revient au problème de Dirichlet.

24. La solution du problème des températures variables dans le cas le plus général peut se ramener à deux problèmes plus simples.

En effet, il s'agit de trouver une fonction satisfaisant aux conditions :

$$\frac{dV}{dt} = h\Delta V$$

$$h(V - V_0) + \frac{dV}{dn} = 0 \text{ à la surface,}$$

$$V = \varphi(x, y, z) \text{ pour } t = 0.$$

Cherchons d'abord une fonction V_1 (x, y, z) telle que :

$$\Delta V_1 = 0$$

et :

$$h(V_1 - V_0) + \frac{dV_1}{dn} = 0$$

pour les points de la surface; c'est le problème des températures stationnaires, et la fonction V_1 est, comme on l'a vu, parfaitement déterminée.

Cherchons maintenant V_2 (t, x, y, z) telle que :

$$\frac{dV_2}{dt} = h\Delta V_2$$

$$hV_2 + \frac{dV_2}{dn} = 0$$

et :

$$V_2(o, x, y, z) = \varphi(x, y, z) - V_1(x, y, z)$$

C'est le problème des températures variables pour le cas où V_0 est nul.

La solution du problème général est, comme on le voit facilement :

$$V = V_1 + V_2$$

25. Cas où le nombre des variables x, y, z, est réduit. — Il peut arriver, dans certains cas, que la fonction V ne dépende que de deux ou même d'une seule des variables x, y, z.

Par exemple, supposons un cylindre indéfini parallèle à Oz et supposons la distribution initiale telle que la température soit la même le long d'une parallèle à Oz. A l'origine des temps, V sera donc fonction de x et y seulement ; à un instant quelconque, V ne dépendra donc que de x et y.

Si le cylindre est limité par deux plans perpendiculaires à Oz et que ses deux bases soient imperméables à la chaleur, tout se passe comme dans le cas précédent.

Si le solide se réduit à l'espace compris entre deux plans parallèles au plan des xy, et si la valeur initiale de V ne dépend que de x, V ne dépendra jamais que de x.

Supposons que le solide ait la forme d'un cylindre indéfini parallèle à Ox et dont la surface latérale soit imperméable à la chaleur.

Si V ne dépend que de x à l'instant $t = o$, il en sera de même à un instant quelconque.

26. Cas d'un fil. — Considérons un fil de section constante et assez petite pour que la température soit uniforme dans cette section (*fig.* 10).

Nous prendrons comme variable l'arc s de fil compté à partir d'une certaine origine.

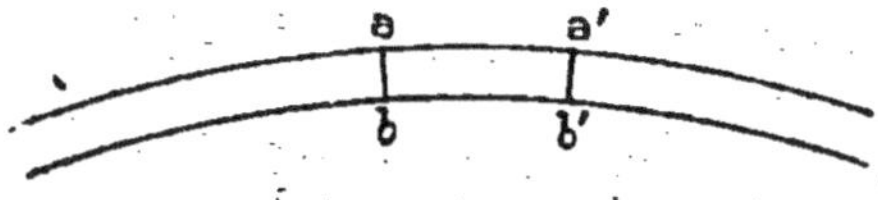

FIG. 10.

Considérons deux sections droites ab et $a'b'$ prises à des distances s et $s + ds$ de l'origine. Soit ω l'aire de la section droite, et σ son périmètre.

Le volume de l'élément sera $\omega\, ds$ et sa surface latérale $\sigma\, ds$.

La quantité de chaleur qui entre par ab est :

$$-\,K\omega\, dt \frac{dV}{ds}$$

celle qui entre par $a'b'$ est :

$$K\omega\, dt \left[\frac{dV}{ds} + \frac{d^2V}{ds^2}\, ds\right]$$

La chaleur gagnée par la surface latérale est :

$$-\,H(V - V_0)\,\sigma\, ds\, dt.$$

Si l'on suppose $V_0 = o$, cette quantité se réduit à :

$$-\,HV\sigma\, ds\, dt.$$

On aura, comme dans les exemples précédents :

$$K\omega\, dt\, ds \frac{d^2V}{ds^2} - HV\sigma\, ds\, dt = dt \frac{dV}{dt}\, C.D_1\omega\, ds$$

Si l'on pose :

$$k = \frac{K}{C.D} \qquad a = \frac{H\sigma}{C.D.\omega}$$

l'équation devient :

$$\frac{dV}{dt} = k\,\frac{d^2V}{ds^2} - aV.$$

Si le corps est imperméable à la chaleur, on a $a = 0$, et l'équation se réduit à :

$$\frac{dV}{dt} = k\,\frac{d^2V}{ds^2}$$

Le cas où a n'est pas nul peut se ramener à celui-là en posant :

$$V = Ue^{-at}$$

car on a alors :

$$\frac{d^2V}{ds^2} = \frac{d^2U}{ds^2} \cdot e^{-at}$$

$$\frac{dV}{dt} = \frac{dU}{dt}\,e^{-at} - aUe^{-at},$$

et l'équation devient :

$$\frac{dU}{dt} = k\,\frac{d^2U}{ds^2}.$$

CHAPITRE III

SOLIDE RECTANGULAIRE INDÉFINI

27. Le premier problème traité par Fourier est celui des températures finales stationnaires dans un solide rectangulaire indéfini que l'on suppose limité par les plans :

$$y = 0 \qquad x = -\frac{\pi}{2} \qquad x = +\frac{\pi}{2}.$$

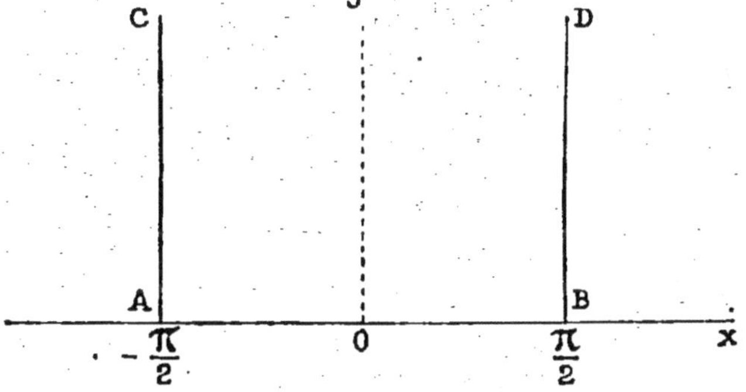

Fig. 11.

V ne dépendra que de x et de y; cette fonction devra donc satisfaire à l'équation :

$$\frac{d^2V}{dx^2}+\frac{d^2V}{dy^2}=0$$

et on devra avoir à la surface:

$$h\,(V-V_0)+\frac{dV}{dn}=0.$$

Nous supposerons h infini, c'est-à-dire que la conductibilité extérieure est assez grande pour que la surface du corps soit en équilibre de température avec le milieu ambiant.

On aura donc à la surface :

$$V=V_0.$$

Supposons par exemple que l'on ait:

pour:	$x=-\frac{\pi}{2}$,	$V=0$
pour:	$x=+\frac{\pi}{2}$,	$V=0$
pour :	$y=\infty$,	$V=0$
et pour:	$y=0$,	$V=f(x)$

$f(x)$ étant une fonction donnée.

Fourier recherche d'abord les cas où la solution V se présente sous la forme :

$$V=f(x)\,\varphi(y)$$

On aura dans ce cas:

$$\frac{d^2V}{dx^2}=f''(x)\,\varphi(y)$$

$$\frac{d^2V}{dy^2}=f(x)\,\varphi''(y)$$

On doit donc avoir :

$$f''(x)\,\varphi(y) + f(x)\,\varphi''(y) = 0$$

ou bien :

$$\frac{f''(x)}{f(x)} = -\frac{\varphi''(y)}{\varphi(y)}$$

et cette égalité ne peut avoir lieu que si chacun des deux membres est égal à une constante A.

Supposons d'abord $A > 0$, et posons : $A = m^2$.

On a :

$$\varphi'' + m^2\varphi = 0.$$

La forme générale de φ est donc :

$$\varphi = a \cos my + b \sin my$$

a et b étant des constantes.

Mais, dans ces conditions, V ne s'annulerait pas pour $y = \infty$.

Cette solution ne convient donc pas.

Il faut donc poser : $A = -m^2$.

On a dans ce cas :

$$\varphi'' - m^2\varphi = 0.$$

D'où :

$$\varphi = ae^{my} + be^{-my}.$$

Pour que cette expression s'annule à l'infini, il faut que a soit nul. Donc :

$$\varphi = be^{-my}.$$

On a d'un autre côté :

$$f'' + m^2 f = 0.$$

D'où :

$$f = \alpha \sin(mx + \theta)$$

et cette fonction doit s'annuler pour $x = \pm \frac{\pi}{2}$.

On doit donc avoir :

$$-m\frac{\pi}{2} + \theta = k\pi \qquad m\frac{\pi}{2} + \theta = k'\pi$$

k et k' étant des nombres entiers.

Ceci montre que m doit lui-même être entier.

Si m est pair, on prendra $\theta = 0$.

Si m est impair, on prendra $\theta = \frac{\pi}{2}$.

Dans le premier cas $f(x)$ est de la forme :

$$f(x) = \alpha \sin 2mx$$

Dans le second cas on a la forme :

$$f(x) = \alpha \cos(2m - 1)x$$

Et l'on aura pour la fonction V dans ces deux cas :

1° $\qquad V = Ae^{-2my} \sin 2mx$

2° $\qquad V = Ae^{-(2m-1)y} \cos(2m - 1)x$

Ainsi donc le problème est résolu quand $f(x)$ a l'une des deux formes :

$$\sin 2mx \quad \text{ou} \quad \cos(2m - 1)x$$

28. Supposons que $f(x)$ soit une série de la forme :

$$f(x) = a_1 \cos x + a_3 \cos 3x + a_5 \cos 5y + \dots..$$
$$+ b_2 \sin 2x + b_4 \sin 4x + b_6 \sin 6x + \dots..$$

Considérons la fonction:

$$V = a_1 e^{-y} \cos x + a_3 e^{-3y} \cos 3x + a_5 e^{-5y} \cos 5x + \ldots\ldots$$
$$+ b_2 e^{-2y} \sin 2x + b_4 e^{-4y} \sin 4x + \ldots\ldots$$

Chacun des termes u de cette série satisfait à l'équation:

$$\Delta u = 0.$$

De plus, chacun des termes s'annule pour $x = \pm \frac{\pi}{2}$, de même que pour $y = \infty$.

On voit immédiatement que, si $f(x)$ possède un nombre fini de termes, il en sera de même de V, et la fonction V est la solution du problème.

Dans le cas où le nombre des termes est illimité, on ne peut pas affirmer *a priori* que le même raisonnement est applicable; il faudra préalablement étudier la série V comme nous le ferons dans les exemples suivants.

29. Quoi qu'il en soit, le problème de Fourier nous amène à considérer le suivant:

Trouver une série trigonométrique de la forme:

$$a_1 \cos x + a_3 \cos 3x + a_5 \cos 5x + \ldots\ldots$$
$$+ b_2 \sin 2x + b_4 \sin 4x + \ldots\ldots$$

représentant une fonction $f(x)$ pour toutes les valeurs de x comprises entre $-\frac{\pi}{2}$ et $\frac{\pi}{2}$.

Ce problème se ramène au suivant, traité également par Fourier:

Trouver une série de la forme:

$$a_0 + a_1 \cos x + a_2 \cos 2x + \ldots\ldots$$
$$\ldots\ldots + b_1 \sin x + b_2 \sin 2x + \ldots\ldots$$

qui représente une fonction $f(x)$ entre $-\pi$ et $+\pi$.

Supposons que ce développement soit possible, nous allons calculer les coefficients.

Rappelons les formules suivantes :

$$\int_{-\pi}^{\pi} \cos mx \, dx = 0 \qquad \text{pour } m \neq 0$$

$$\int_{-\pi}^{\pi} \sin mx \, dx = 0 \qquad \text{quel que soit } m$$

$$\int_{-\pi}^{\pi} \cos mx \cos nx \, dx = 0 \qquad \text{si } m \neq n$$

$$\int_{-\pi}^{\pi} \sin mx \sin nx \, dx = 0 \qquad \text{si } m \neq n$$

$$\int_{-\pi}^{\pi} \cos^2 mx \, dx = \int_{-\pi}^{\pi} \sin^2 mx \, dx = \pi$$

$$\int_{-\pi}^{\pi} \cos mx \sin nx \, dx = 0 \qquad \text{quels que soient } m \text{ et } n$$

Rappelons aussi la définition d'une série uniformément convergente.

Soit une série :

$$u_0 + u_1 + u_2 + \dots + u_n + \dots$$

dont les termes sont des fonctions de x ; la série est convergente si le reste R_n tend vers 0, quand le nombre n croît indéfiniment. Si R_n est constamment inférieur en valeur absolue à un nombre ε dépendant de n, mais *indépendant* de x, et que ce nombre ε tende vers O quand n croît indéfiniment, la série est dite *uniformément convergente.*

On sait que l'on peut intégrer terme à terme une série uniformément convergente. En outre, si une série est uniformément convergente et si chaque terme est une fonction continue de x, la somme de la série est elle-même une fonction continue de x.

30. Supposons la fonction $f(x)$ développable en une série trigonométrique uniformément convergente.

$$f(x) = a_0 + a_1 \cos x + a_2 \cos 2x + \dots + a_n \cos nx + \dots$$
$$+ b_1 \sin x + b_2 \sin 2x + \dots + b_n \sin nx + \dots$$

Calculons par exemple a_n.

Multiplions les deux membres par $\cos nx\, dx$ et intégrons de $-\pi$ à π.

On aura, d'après les égalités écrites plus haut :

$$\int_{-\pi}^{\pi} f(x) \cos nx\, dx = \pi a_n$$

On voit de même que l'on a :

$$\int_{-\pi}^{\pi} f(x) \sin nx\, dx = \pi b_n$$

et, enfin :

$$\int_{-\pi}^{+\pi} f(x)\, dx = 2\pi a_0$$

On a donc, en admettant la possibilité du développement :

$$f(x) = \frac{1}{2\pi}\int_{-\pi}^{\pi} f(z)\, dz + \frac{1}{\pi}\sum \cos nx \int_{-\pi}^{\pi} f(z) \cos nz\, dz$$
$$+ \frac{1}{\pi}\sum \sin nx \int_{-\pi}^{\pi} f(z) \sin nz\, dz.$$

Considérons maintenant une fonction à représenter dans l'intervalle $-\left(\frac{\pi}{2}, \frac{\pi}{2}\right)$ au moyen d'une série de la forme :

$$f(x) = a_1 \cos x + a_3 \cos 3x + \dots\dots$$
$$+ b_2 \sin 2x + b_4 \sin 4x + \dots\dots$$

Nous aurons résolu ce problème, si nous trouvons une fonction de x définie entre $-\pi$ et $+\pi$, qui dans l'intervalle $\left(-\frac{\pi}{2}, +\frac{\pi}{2}\right)$ se réduise à la précédente, et telle que la série trigonométrique qui lui correspond soit de la forme ci-dessus.

Si, dans cette série, on change x en $\pi - x$ ou en $-\pi - x$, la valeur de la série change de signe, et d'ailleurs toute série jouissant de cette propriété a nécessairement la forme précédente.

Si x est compris entre o et $\frac{\pi}{2}$, $\pi - x$ est compris entre $\frac{\pi}{2}$ et π.

Si x est compris entre $-\frac{\pi}{2}$ et o, $-\pi - x$ est compris entre $-\pi$ et $-\frac{\pi}{2}$.

Nous définirons donc une fonction $\varphi(x)$ de la façon suivante :

Dans l'intervalle $\left(-\frac{\pi}{2}, \frac{\pi}{2}\right)$ elle aura les valeurs de la fonction $f(x)$.

Dans l'intervalle $\left(-\pi, -\frac{\pi}{2}\right)$ on aura:

$$\varphi(x) = -f(-\pi - x)$$

et dans l'intervalle $\left(\frac{\pi}{2}, \pi\right)$ on aura:

$$\varphi(x) = -f(\pi - x).$$

31. Supposons, par exemple, que l'on ait $f(x) = 1$ dans l'intervalle $\left(-\frac{\pi}{2}, \frac{\pi}{2}\right)$.

Nous aurons alors:

Entre $-\pi$ et $-\frac{\pi}{2}$: $\varphi(x) = -1$

Entre $-\frac{\pi}{2}$ et $\frac{\pi}{2}$: $\varphi(x) = 1$

Entre $\frac{\pi}{2}$ et π : $\varphi(x) = -1.$

Pour cette hypothèse particulière, la fonction $\varphi(x)$ est paire, et on voit aisément que tous les termes en sinus disparaissent, et on aura pour m impair :

$$\pi a_m = \int_{-\pi}^{\pi} \varphi(x) \cos mx \, dx = 2\int_0^{\pi} \varphi(x) \cos mx \, dx$$

$$\pi a_m = 2\int_0^{\frac{\pi}{2}} \cos mx \, dx - 2\int_{\frac{\pi}{2}}^{\pi} \cos mx \, dx$$

$$\pi a_m = \pm \frac{4}{m}, \qquad \frac{\pi}{4} a_m = \pm \frac{1}{m}.$$

On a donc le développement :

$$\frac{\pi}{4} = \cos x - \frac{\cos 3x}{3} + \frac{\cos 5x}{5} - \ldots..$$

et la solution V sera dans ce cas donnée par la formule :

$$\frac{\pi}{4} V = \cos x e^{-y} - \frac{\cos 3x}{3} e^{-3y} + \frac{\cos 5x}{5} e^{-5y} - \ldots..$$

32. Ayant obtenu cette série, satisfait-elle à toutes les conditions du problème ?

Satisfait-elle à l'équation $\Delta V = 0$?

Cherchons, d'abord, si elle admet des dérivées du second ordre par rapport à x et y.

Si les séries formées avec les dérivées du second ordre de ces termes sont uniformément convergentes, on est certain que ces séries représentent les dérivées du second ordre de la série $\frac{\pi}{4}$ V.

Différentions deux fois par rapport à x. On a la série :

$$-\cos x e^{-y} + 3\cos 3x e^{-3y} - 5\cos 5x e^{-5y} + \ldots\ldots$$

Les termes de cette série sont plus petits en valeur absolue que ceux de la série:

$$e^{-y} + 3e^{-3y} + 5e^{-5y} + \ldots\ldots,$$

qui est uniformément convergente pour toutes les valeurs positives de y, les seules que nous considérons. Les dérivées secondes existent donc et peuvent être obtenues en différentiant notre série terme à terme ; on en conclut aisément qu'on a pour tous les points intérieurs au solide:

$$\Delta V = 0.$$

Voyons maintenant si V satisfait aux conditions à la surface.

A-t-on:

$$V = 0$$

quand $x = \pm \frac{\pi}{2}$, y étant positif ?

Cela a lieu si la série V est uniformément convergente.

Or, les termes de la série $\frac{\pi}{2}$ V sont plus petits en valeur absolue que ceux de la série :

$$e^{-y} + \frac{e^{-3y}}{3} + \frac{e^{-5y}}{5} + \ldots\ldots$$

qui est uniformément convergente, sauf pour $y = 0$.

De même, si y croît indéfiniment, V tend vers zéro.

Examinons ce qui se passe pour $y = 0$. Nous obtenons

alors pour $\frac{\pi}{4}$ V la série :

$$\cos x - \frac{\cos 3x}{3} + \frac{\cos 5x}{5} - \ldots\ldots$$

Nous allons démontrer que la valeur de cette série est $\frac{\pi}{4}$, et, dans ces conditions, on sait que V aura pour limite 1.

33. Considérons la somme :

$$S_m = \cos x - \frac{\cos 3x}{3} + \ldots\ldots - \frac{\cos(2m-1)x}{2m-1}$$

où nous supposons m pair.

On a :

$$\frac{dS_m}{dx} = -\sin x + \sin 3x - \ldots\ldots + \sin(2m-1)x$$

Multiplions par $2i$.

Comme l'on a :

$$2i \sin x = e^{ix} - e^{-ix}$$

Il vient :

$$2i\frac{dS_m}{dx} = -e^{ix} + e^{3ix} - e^{5ix} + \ldots + e^{(2m-1)ix}$$
$$+ e^{-ix} - e^{-3ix} + e^{-5ix} - \ldots\ldots - e^{-(2m-1)ix}$$

On a deux progressions géométriques limitées dont les raisons sont $-e^{2ix}$ et $-e^{-2ix}$.

Donc on a :

$$2i\frac{dS_m}{dx} = \frac{-e^{ix} + e^{(2m+1)ix}}{1 + e^{2ix}} + \frac{e^{-ix} - e^{-(2m+1)ix}}{1 + e^{-2ix}}$$
$$= \frac{e^{2mix} - e^{-2mix}}{e^{ix} + e^{-ix}} = \frac{i \sin 2mx}{\cos x}$$

On a donc :

$$\frac{dS_m}{dx} = \frac{\sin 2mx}{2\cos x}.$$

Nous allons démontrer que la série obtenue en faisant croître m indéfiniment a une valeur constante, si x est compris entre $-\frac{\pi}{2}$ et $\frac{\pi}{2}$.

On a, en effet :

$$S_m(x_1) - S_m(x_0) = \int_{x_0}^{x_1} \frac{\sin 2mx}{2\cos x}\, dx$$

Intégrons par parties :

$$S_m(x_1) - S_m(x_0) = \left[\frac{-\cos 2mx}{4m\cos x}\right]_{x_0}^{x_1} + \int_{x_0}^{x_1} \frac{\cos 2mx \sin x}{4m\cos^2 x}\, dx$$

x_0 et x_1 sont compris entre $-\frac{\pi}{2}$ et $\frac{\pi}{2}$, donc $\cos x$ ne s'annule pas dans l'intervalle. Par suite, le premier terme du second membre tend vers 0, quand m croît indéfiniment.

Il en est de même de l'intégrale.

Donc, on a :

$$\lim S_m(x_1) = \lim S_m(x_0)$$
$$S(x_1) = S(x_0).$$

La fonction $S(x)$ représente donc une constante. Pour la déterminer faisons $x = o$. On a :

$$S(o) = \frac{\pi}{4}.$$

Donc, pour toute valeur de x comprise entre $-\frac{\pi}{2}$ et $\frac{\pi}{2}$ on a :

$$\frac{\pi}{4} = \cos x - \frac{\cos 3x}{3} + \frac{\cos 5x}{5} - \cdots$$

34. On peut donner de cette identité une autre démonstration.

On a :

$$\text{arc tg}\, z = \int_0^z \frac{dz}{1+z^2}$$

$$\frac{1}{1+z^2} = 1 - z^2 + z^4 - z^6 + \dots + z^{2m-2} - \frac{z^{2m}}{1+z^2}$$

en supposant, par exemple, m impair.

En intégrant, on a :

$$\text{arc tg}\, z = z - \frac{z^3}{3} + \frac{z^5}{5} - \dots + \frac{z^{2m-1}}{2m-1} - R_m.$$

$$R_m = \int_0^z \frac{z^{2m}}{1+z^2}\, dz.$$

Posons :

$$z = \rho e^{i\omega}. \qquad \rho < 1.$$

On a pour R_m en intégrant le long de la droite oz :

$$R_m = \int_0^\rho \frac{\rho^{2m} e^{(2m+1)i\omega}}{1+z^2}\, d\rho$$

On a :

$$| R_m | < \int_0^\rho \frac{\rho^{2m}\, d\rho}{AB}$$

A étant l'affixe du point -1, B celle du point z^2, AB représente le module de la quantité $1 + z^2$ (*fig.* 12).

Si $\omega < \frac{\pi}{4}$, on a: $2\omega < \frac{\pi}{2}$, et, par suite, on voit que : $AB > 1$.

Si $\omega > \frac{\pi}{4}$, $2\omega > \frac{\pi}{2}$, et on a:

$$AB > | \sin 2\omega |$$

De toute manière on a donc:

$$AB > \varphi(\omega) > \frac{1}{M}$$

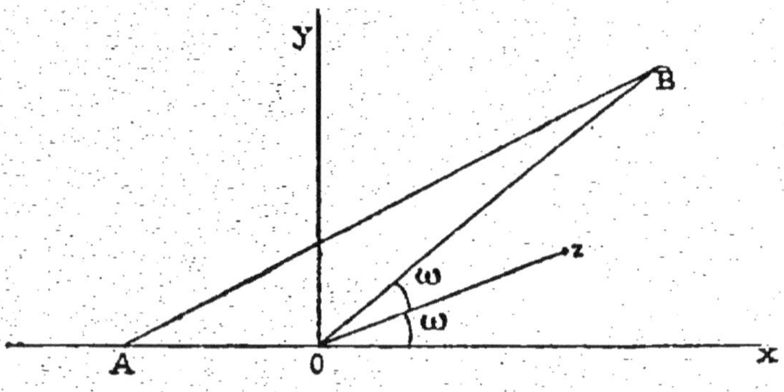

FIG. 12.

$\frac{1}{M}$ étant différent de zéro.

$$|R_m| < M \int_0^{\rho} \rho^{2m} \, d\rho = \frac{M\rho^{2m+1}}{2m+1}$$

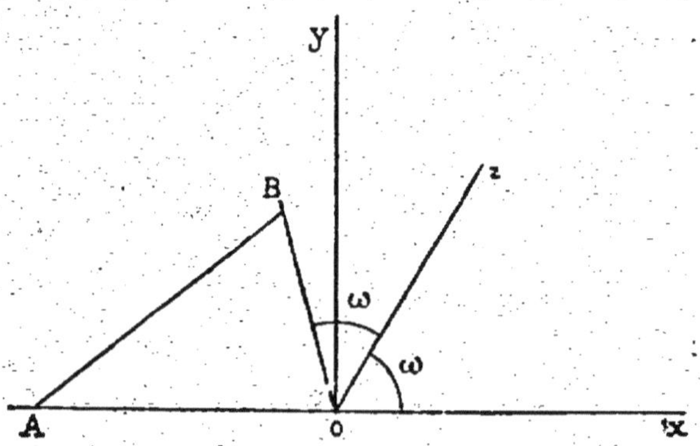

FIG. 13.

Quand m croît indéfiniment Rm tend vers zéro, et ceci est encore vrai pour $\rho = 1$, car il reste alors:

$$|R_m| <= \frac{M}{2m+1}.$$

Dans l'expression de arc tg z remplaçons z par $e^{i\omega}$ et $e^{-i\omega}$, et ajoutons les deux développements :

$$\text{arc tg } e^{i\omega} + \text{arc tg } e^{-i\omega} = \frac{\pi}{2} + k\pi.$$

Donc on a :

$$\frac{\pi}{2} + k\pi = 2\cos\omega - \frac{2\cos 3\omega}{3} + \frac{2\cos 5\omega}{5} - \cdots$$

K est un nombre entier, que l'on détermine en faisant $\omega = 0$. On voit que $K = 0$, donc :

$$\frac{\pi}{4} = \cos\omega - \frac{\cos 3\omega}{3} + \frac{\cos 5\omega}{5} - \cdots$$

35. Revenons au cas général.

Nous avons trouvé :

$$V = \sum a_m \cos mx \, e^{-my} + \sum b_m \sin mx \, e^{-my}$$

les a étant à indices impairs, et les b à indices pairs.

Nous poserons :

$$z = ie^{-y+ix}.$$

D'où :

$$z^m = i^m \, e^{-my+mix}.$$

La partie imaginaire de z^m est, suivant la valeur de m :

si :	$m = 4\mu + 1,$	$e^{-my}\cos mx$
si :	$m = 4\mu + 2,$	$e^{-my}\sin mx$
si :	$m = 4\mu + 3,$	$-e^{-my}\cos mx$
si :	$m = 4\mu,$	$e^{-my}\sin mx.$

Suivant ces différents cas, nous poserons:

si: $m = 4\mu + 1$, $\lambda_m = a_m$

si: $m = 4\mu + 2$, $\lambda_m = - b_m$

si: $m = 4\mu + 3$, $\lambda_m = - a_m$

si: $m = 4\mu$, $\lambda_m = b_m$.

Et nous considérerons la fonction :

$$\varphi(z) = \sum \lambda_m z^m.$$

On voit que V est la partie imaginaire de $\varphi(z)$.

Les coefficients de $\varphi(z)$ sont réels. Donc, si z est réel, on a :

$$V = 0$$

z est réel si $\omega = \pm \frac{\pi}{2}$. Donc V est nul pour ces valeurs.

Soit z_0 l'imaginaire conjuguée de z.

On a :

$$V = \frac{\varphi(z) - \varphi(z_0)}{2i}.$$

Appliquons au cas particulier que nous avons déjà étudié :

$$\frac{\pi}{4} V = \cos x e^{-y} - \frac{\cos 3x}{3} e^{-3y} + \cdots.$$

La fonction $\varphi(z)$ correspondante sera donnée par :

$$\frac{\pi}{4} \varphi(z) = z + \frac{z^3}{3} + \frac{z^5}{5} + \cdots$$

$$= \frac{1}{i} \operatorname{arc\,tg} iz.$$

On a :

$$\frac{\pi}{4}\varphi(z_0) = \frac{1}{i}\operatorname{arc\,tg} iz_0$$

D'où :

$$\frac{\pi}{2}V = \operatorname{arc\,tg} iz_0 - \operatorname{arc\,tg} iz$$

$$= \operatorname{arc\,tg}\frac{iz_0 - iz}{1 + iz_0.iz} = \operatorname{arc\,tg}\frac{i(z_0 - z)}{1 - zz_0}$$

$$= \operatorname{arc\,tg}\frac{2e^{-y}\cos x}{1 - e^{-2y}}$$

36. Fourier cherche à évaluer le flux de chaleur à travers un plan quelconque parallèle au plan $y = o$.

En appliquant la formule générale qui donne le flux on a :

$$dQ = -K\int_{-\frac{\pi}{2}}^{\frac{\pi}{2}}\frac{dV}{dy}\,dx$$

Dans le cas particulier que nous venons d'étudier :

$$dQ = \frac{4K}{\pi}\int_{-\frac{\pi}{2}}^{\frac{\pi}{2}}(\cos x e^{-y} - \cos 3x e^{-3y} + \ldots\ldots)\,dx$$

$$= \frac{4K}{\pi}\left[\sin x e^{-y} - \frac{\sin 3x}{3}e^{-3y} + \ldots\right]_{-\frac{\pi}{2}}^{\frac{\pi}{2}}$$

$$= \frac{8K}{\pi}\left[e^{-y} + \frac{e^{-3y}}{3} + \frac{e^{-5y}}{5} + \ldots\ldots\right]$$

Si l'on veut avoir la dépense totale de la source de chaleur, il faut prendre le flux pour la base $y = o$.

Mais on voit que, dans ce cas, la série est divergente. Donc la dépense totale de la source est infinie. Ceci tient à ce que la base est maintenue à la température 1, tandis que les faces latérales sont maintenues à la température zéro.

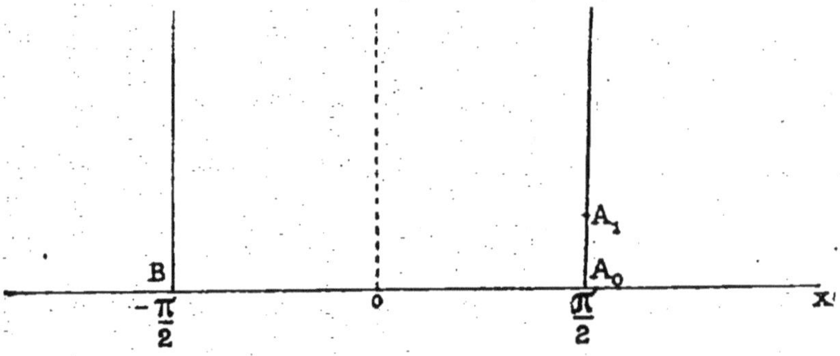

FIG. 14.

Entre les points A_0 et A_1 infiniment voisins, mais pris l'un sur la base, l'autre sur la face latérale, la différence de température est finie, et il y a ce que Fourier appelle une *cataracte* de chaleur.

CHAPITRE IV

SÉRIE DE FOURIER. — THÉORÈME DE DIRICHLET

37. Dans les considérations précédentes nous nous sommes servis de fonctions supposées développables en série de Fourier.

Nous allons indiquer maintenant des conditions très générales sous lesquelles ce développement sera possible.

Condition de Dirichlet. — Nous dirons qu'une fonction $f(x)$ satisfait à la condition de Dirichlet, lorsqu'elle peut être regardée comme la différence de deux fonctions dont chacune reste constamment finie, et n'est jamais croissante.

Chacune de ces deux fonctions peut toujours être supposée positive. En effet, soient f_1 et f_2 ces deux fonctions, et soit $-\alpha$ la plus petite valeur qu'elles peuvent prendre. On prendra alors :

$$f(x) = [f_1(x) + \alpha] - [f_2(x) + \alpha]$$

Nous allons montrer qu'une fonction, qui n'a dans un intervalle donné qu'un nombre fini de maxima et de minima, satisfait à la condition de Dirichlet. Supposons, par exemple, que la fonction présente un maximum et un minimum.

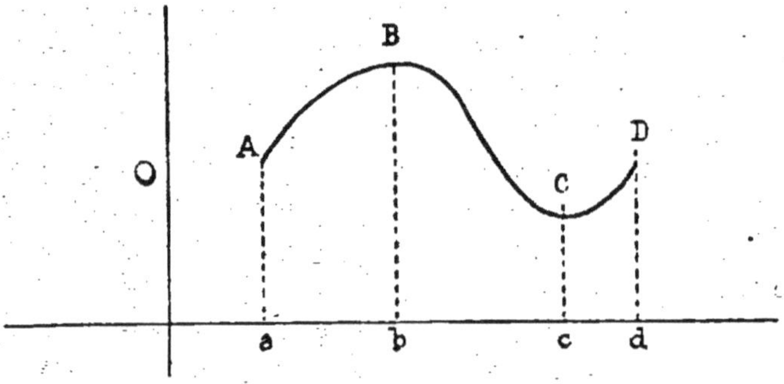

FIG. 15.

Appelons B et C le maximum et le minimum, et soient b et c les valeurs de x correspondantes.

Soit α une constante.

Dans le premier intervalle (a, b) nous prendrons :

$$f_1 = \alpha \qquad f_2 = \alpha - f.$$

Dans le deuxième intervalle (b, c) nous prendrons :

$$f_1 = \alpha + f - \mathrm{B} \qquad f_2 = \alpha - \mathrm{B}.$$

Enfin, dans le troisième intervalle (c, d) :

$$f_1 = \alpha + \mathrm{C} - \mathrm{B} \qquad f_2 = \alpha + \mathrm{C} - \mathrm{B} - f.$$

On voit que les fonctions f_1 et f_2 ainsi définies ne sont jamais croissantes dans l'intervalle a, d, et, de plus, on pourra prendre α assez grand pour qu'elles soient positives dans cet intervalle.

Si deux fonctions satisfont à la condition de Dirichlet, il en est de même de leur somme ou leur produit.

Soit $f = A - B$:

$$f' = C - D.$$

On a:

$$f + f' = (A + C) - (B + D)$$

et les fonctions $(A + C)$ et $(B + D)$ ne sont jamais croissantes.

De même, on a:

$$f . f' = (AC + BD) - (AD + BC)$$

On voit encore que les deux fonctions:

$$(AC + BD), \quad (AD + BC)$$

ne sont jamais croissantes.

Une fonction satisfaisante à la condition de Dirichlet peut être discontinue.

Soit:

$$f = f_1 - f_2$$

On a:

$$f_1(x + h) < f_1(x) \quad \text{si} \quad h > 0$$

et $f_1(x + h)$ croît quand h décroît.

Donc $f_1(x + h)$ a une limite quand h tend vers zéro. De même, $f_1(x - h)$ a une certaine limite quand h tend vers zéro.

La limite de $f_1(x + h)$ est inférieure ou égale à $f_1(x)$, celle de $f_1(x - h)$ est supérieure ou égale à $f_1(x)$.

Si ces deux limites sont égales, elles sont égales à $f_1(x)$, et la fonction est continue pour la valeur x.

On a :

$$f(x+h) = f_1(x+h) - f_2(x+h)$$
$$f(x-h) = f_1(x-h) - f_2(x-h)$$

Ce qui précède montre que $f(x+h)$ et $f(x-h)$ tendent vers des limites déterminées, quand h tend vers zéro ; ces limites peuvent être différentes ; si elles sont égales entre elles et égales à $f(x)$, la fonction $f(x)$ est continue pour la valeur x.

38. Théorème. — *Si une fonction $f(x)$ satisfait à la condition de Dirichlet dans l'intervalle $(-\pi, +\pi)$, elle pourra être représentée dans ce même intervalle par une série de Fourier*, c'est-à-dire que l'on aura :

$$\pi f(x) = \frac{1}{2}\int_{-\pi}^{\pi} f(z)\,dz + \sum \cos mx \int_{-\pi}^{\pi} f(z) \cos mz\,dz$$
$$+ \sum \sin mx \int_{-\pi}^{\pi} f(z) \sin mz\,dz$$

Il faut, d'abord, établir l'existence des intégrales qui expriment les coefficients.

Nous allons, d'abord, montrer qu'une fonction qui n'est jamais croissante est intégrable.

Pour cela, reportons-nous à la définition de l'intégrale.

Considérons une fonction $f(x)$ définie dans l'intervalle de a à b.

On insère entre a et b des valeurs intermédiaires :

$$x_1 \; x_2 \; \ldots \; x_{n-1}$$

et on pose :

$$\delta_1 = x_1 - a$$
$$\delta_i = x_i - x_{i-1}$$
$$\delta_n = b - x_{n-1}$$

Soient M_i et m_i le maximum et le minimum de $f(x)$ dans l'intervalle δ_i.

On forme les deux sommes :

$$S = M_1\delta_1 + M_2\delta_2 + \dots + M_i\delta_i + \dots + M_n\delta_n$$
$$s = m_1\delta_1 + m_2\delta_2 + \dots + m_i\delta_i + \dots + m_n\delta_n$$

On démontre que, lorsque les intervalles δ tendent vers zéro suivant une loi quelconque, S et s tendent vers des limites fixes L et l.

Pour que la fonction soit intégrable il faut qu'on ait :

$$L = l.$$

Supposons que, dans l'intervalle (a, b), $f(x)$ ne soit jamais croissante.

On aura alors :

$$M_i = f(x_{i-1})$$
$$m_i = f(x_i)$$

Donc :

$$S - s = \sum [f(x_{i-1}) - f(x_i)]\, \delta_i$$

Comme la loi de formation des intervalles est quelconque, prenons :

$$\delta_i = \frac{b-a}{n}.$$

On a alors :

$$S - s = \delta\, [f(a) - f(b)].$$

Quand n croît indéfiniment :

$$\lim (S - s) = 0.$$

Donc, la fonction $f(x)$ jamais croissante est intégrable.

Si une fonction satisfait à la condition de Dirichlet, elle est la différence de deux fonctions intégrables; donc elle est elle-même intégrable.

Les fonctions sin mz, cos mz satisfont à la condition de Dirichlet.

Si donc $f(z)$ satisfait à la condition de Dirichlet, il en sera de même des produits :

$$f(z) \cos mz, \qquad f(z) \sin mz.$$

L'existence des intégrales qui figurent dans la série est donc démontrée.

39. Considérons :

$$S_m = \int_{-\pi}^{\pi} f(z) . \sigma_m \, dz$$

où l'on a posé :

$$\begin{aligned} \sigma_m = \frac{1}{2} + \cos x \cos z + \ldots\ldots \quad & + \cos mx \cos mz \\ + \sin x \sin z + \ldots\ldots \quad & + \sin mx \sin mz \end{aligned}$$

d'où :

$$\sigma_m = \frac{1}{2} + \cos (z - x) + \cos 2 (z - x) + \ldots\ldots + \cos m (z - x).$$

Posons :

$$z - x = y.$$

Multiplions les deux membres par $2\sin\frac{y}{2}$, on voit que l'on a:

$$2\sigma_m \sin\frac{y}{2} = \sin\frac{2m+1}{2}\,y.$$

Posons alors:

$$m + \frac{1}{2} = \mu$$

$$\sigma_m = \frac{\sin \mu y}{2\sin\frac{y}{2}}.$$

D'où:

$$S_m = \int_{-\pi}^{\pi} f(z)\,\frac{\sin \mu(z-x)}{2\sin\frac{(z-x)}{2}}\,dz$$

x étant compris entre $-\pi$ et $+\pi$, partageons l'intervalle d'intégration en deux parties:

$$\int_{-\pi}^{\pi} = \int_{-\pi}^{x} + \int_{x}^{\pi}.$$

Transformons la première intégrale en posant:

$$z = x - y.$$

Elle devient:

$$\int_0^{\pi+x} \frac{f(x-y)\sin\mu y}{2\sin\frac{y}{2}}\,dy = \int_0^{\pi+x} \frac{y f(x-y)}{2\sin\frac{y}{2}}\,\frac{\sin\mu y}{y}\,dy.$$

Pour la seconde intégrale posons:

$$z = x + y$$

elle devient:

$$\int_0^{\pi-x} \frac{f(x+y)\sin \mu y}{2\sin\frac{y}{2}}\,dy = \int_0^{\pi-x} \frac{yf(x+y)}{2\sin\frac{y}{2}}\cdot\frac{\sin\mu y}{y}\,dy.$$

On a donc pour S_m:

$$S_m = \int_0^{\pi-x} \frac{yf(x+y)}{2\sin\frac{y}{2}}\cdot\frac{\sin\mu y}{y}\,dy + \int_0^{\pi+x} \frac{yf(x-y)}{2\sin\frac{y}{2}}\,\frac{\sin\mu y}{y}\,dy.$$

Nous avons à chercher la limite de Sm lorsque m croît indéfiniment.

40. Pour cela, nous allons, d'abord, étudier l'intégrale:

$$J = \int_0^{a} \varphi(y)\,\frac{\sin\mu y}{y}\,dy$$

$\varphi(y)$ satisfaisant à la condition de Dirichlet.

Considérons l'intégrale définie :

$$H = \int_0^{\infty} \frac{\sin\mu y}{y}\,dy.$$

Nous allons d'abord démontrer que H est finie.

Remarquons que le numérateur $\sin \mu y$ change de signe pour les valeurs suivantes de y:

$$\frac{\pi}{\mu},\ \frac{2\pi}{\mu},\ \frac{3\pi}{\mu},\ \ldots\ \ldots\ \frac{n\pi}{\mu},\ \ldots\ldots$$

Divisons le champ d'intégration en intervalles partiels et

posons :

$$B_1 = \int_0^{\frac{\pi}{\mu}} \frac{\sin \mu y}{y}\, dy$$

$$-B_2 = \int_{\frac{\pi}{\mu}}^{\frac{2\pi}{\mu}} \frac{\sin \mu y}{y}\, dy$$

$$B_3 = \int_{\frac{2\pi}{\mu}}^{\frac{3\pi}{\mu}} \frac{\sin \mu y}{y}\, dy$$

. . . .

Les quantités B sont évidemment toutes positives; de plus, elles vont en décroissant, comme on le voit aisément en considérant la courbe représentée par l'équation :

$$z = \frac{\sin \mu y}{y}$$

De plus, B_n tend vers zéro quand n croît indéfiniment.

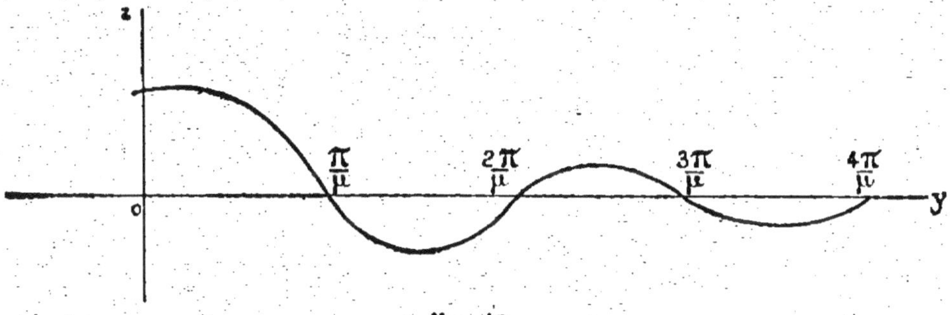

Fig. 16.

On voit donc que H peut se représenter par une série

alternée :

$$H = B_1 - B_2 + B_3 - B_4 \ldots\ldots + B_{2k-1} - B_{2k} + \ldots\ldots$$

Nous allons démontrer que les B et, par suite, H sont indépendants de μ.

Considérons, en effet :

$$\int_{\frac{n\pi}{\mu}}^{(n+1)\frac{\pi}{\mu}} \frac{\sin \mu y}{y}\, dy$$

Posons :

$$\mu y = z$$

L'intégrale devient :

$$\int_{n\pi}^{(n+1)\pi} \frac{\sin z}{z}\, dz$$

Elle est donc indépendante de μ.

De plus, si on pose :

$$H_{2k-1} = B_1 - B_2 + B_3 - \ldots\ldots + B_{2k-1}$$
$$H_{2k} = B_1 - B_2 + \ldots\ldots + B_{2k-1} - B_{2k}$$

On a :

$$H_{2k} < H < H_{2k-1}$$

Revenons à l'intégrale J et supposons, d'abord, $\varphi(y)$ constamment décroissante et positive. La fonction à intégrer change de signe pour les valeurs :

$$\frac{\pi}{\mu}, \frac{2\pi}{\mu}, \ldots\ldots \frac{\lambda\pi}{\mu}$$

λ étant le nombre entier tel que :

$$\frac{\lambda\pi}{\mu} < a < (\lambda + 1)\frac{\pi}{\mu}.$$

Posons, de même que précédemment :

$$A_1 = \int_0^{\frac{\pi}{\mu}} \varphi(y) \frac{\sin \mu y}{y} dy$$

$$- A^2 = \int_{\frac{\pi}{\mu}}^{\frac{2\pi}{\mu}} \varphi(y) \frac{\sin \mu y}{y} dy$$

. . . .

$$\pm A_{\lambda+1} = \int_{\frac{\lambda\pi}{\mu}}^{a} \varphi(y) \frac{\sin \mu y}{y} dy$$

$$J_k = A_1 - A_2 + A_3 - \ldots$$
$$\ldots \pm A_k$$

On voit aisément que les A sont positifs et décroissants, et que l'on a :

$$J_{2k} < J < J_{2k-1}$$

Considérons l'une quelconque des quantités A, par exemple :

$$A_3 = \int_{\frac{2\pi}{\mu}}^{\frac{3\pi}{\mu}} \varphi(y) \frac{\sin \mu y}{y} dy$$

$\varphi(y)$ reste compris entre $\varphi\left(\frac{2\pi}{\mu}\right)$ et $\varphi\left(\frac{3\pi}{\mu}\right)$.

On a donc :

$$A_3 < \varphi\left(\frac{2\pi}{\mu}\right)\int_{\frac{2\pi}{\mu}}^{\frac{3\pi}{\mu}} \frac{\sin \mu y}{y}\, dy$$

$$A_3 > \varphi\left(\frac{3\pi}{\mu}\right)\int_{\frac{2\pi}{\mu}}^{\frac{3\pi}{\mu}} \frac{\sin \mu y}{y}\, dy.$$

ce qui peut s'écrire :

$$\varphi\left(\frac{3\pi}{\mu}\right) B_3 < A_3 < \varphi\left(\frac{2\pi}{\mu}\right) B_3$$

Si μ croît indéfiniment, on aura à la limite, en appelant $\varphi(\varepsilon)$ la limite de $\varphi(x)$, quand x tend vers zéro par ses valeurs positives :

$$\lim A_3 = \varphi(\varepsilon)\, B_3$$

et d'une façon générale :

$$\lim A_n = \varphi(\varepsilon)\, B_n$$

On en conclut :

$$\lim_{\mu=\infty} J_{2k-1} = \varphi(\varepsilon).\, H_{2k-1}$$

$$\lim_{\mu=\infty} J_{2k} = \varphi(\varepsilon)\, H_{2k}$$

Je dis qu'on peut trouver μ assez grand pour que l'on ait :

$$| J - H\varphi(\varepsilon) | < \eta$$

η étant aussi petit que l'on veut.

On a, en effet :

$$J - H\varphi(\varepsilon) < J_{2k-1} - H_{2k}\varphi(\varepsilon)$$

ce qui peut s'écrire :

$$J - H\varphi(\varepsilon) < [J_{2k-1} - H_{2k-1}\varphi(\varepsilon)] + B_{2k}\varphi(\varepsilon).$$

On peut prendre k assez grand pour que B_{2k} soit aussi petit que l'on veut et, par conséquent, pour que l'on ait :

$$B_{2k}\varphi(\varepsilon) < \frac{\eta}{2}$$

et, k étant ainsi déterminé, on pourra fondre μ assez grand pour que :

$$J_{2k-1} - H_{2k-1}\varphi(\varepsilon) < \frac{\eta}{2}.$$

D'où :

$$J - H\varphi(\varepsilon) < \eta.$$

On démontrera de même que :

$$H\varphi(\varepsilon) - J < \eta$$

en remarquant que l'on a :

$$H\varphi(\varepsilon) - J < H_{2k-1}\varphi(\varepsilon) - J_{2k}.$$

Le raisonnement qui précède montre que :

$$\lim_{\mu=\infty} J = \varphi(\varepsilon) H$$

Si la fonction φ, sans être décroissante, satisfait à la condition de Dirichlet, il en sera encore de même.

41. Revenons à la fonction S_m :

$$S_m = \int_0^{\pi-x} \frac{yf(x+y)}{2\sin\frac{y}{2}} \frac{\sin\mu y}{y} dy + \int_0^{\pi+x} \frac{yf(x-y)}{2\sin\frac{y}{2}} \frac{\sin\mu y}{y} dy.$$

Les fonctions : $\dfrac{yf(x+y)}{2\sin\dfrac{y}{2}}$ et $\dfrac{yf(x-y)}{2\sin\dfrac{y}{2}}$

restent finies et satisfont à la condition de Dirichlet.

Appliquons les résultats précédents :

Les valeurs limites des fonctions précédentes quand y tend vers zéro sont respectivement :

$$f(x+\varepsilon)$$

et :

$$f(x-\varepsilon).$$

On a donc :

$$\lim S_m = H\,[f(x+\varepsilon) + f(x-\varepsilon)].$$

Si la fonction est continue :

$$\lim S_m = 2Hf(x)$$

H est une constante. Pour la déterminer, faisons $f(x) = 1$; on a, en se reportant à la série de Fourier :

$$H = \frac{\pi}{2}.$$

Donc :

$$\lim S_m = \frac{\pi}{2}\,[f(x+\varepsilon) + f(x-\varepsilon)].$$

et, si la fonction est continue :

$$\lim S_m = \pi\, f(x).$$

42. Exemples divers. — Reprenons l'exemple que nous avons considéré.

Nous avons obtenu :

$$\cos x - \frac{\cos 3x}{3} + \frac{\cos 5x}{5} \cdots = \frac{\pi}{4}$$

quand :

$$-\frac{\pi}{2} < x < \frac{\pi}{2}.$$

La valeur de cette série est $-\frac{\pi}{4}$ quand :

$$-\pi < x < -\frac{\pi}{2}$$

ou :

$$\frac{\pi}{2} < x < \pi.$$

Voyons ce qui se passe au voisinage de $x = \frac{\pi}{2}$.

Si : $$x = \frac{\pi}{2} - \varepsilon.$$

on a : $$f(x) = \frac{\pi}{4}$$

et si : $$x = \frac{\pi}{2} + \varepsilon$$

on a : $$f(x) = -\frac{\pi}{4}.$$

Donc, d'après ce que l'on a vu précédemment, la valeur de la série pour $x = \frac{\pi}{2}$ doit être zéro, ce que l'on vérifie immédiatement.

Cherchons comme autre exemple le développement de la fonction x. C'est une fonction impaire, donc le développement ne contiendra que des sinus et l'on aura :

$$\pi a_n = \int_{-\pi}^{+\pi} z \sin nz \, dz.$$

$$\pi a_n = -\left[\frac{z \cos nz}{n}\right]_{-\pi}^{\pi} + \int_{-\pi}^{\pi} \frac{\cos nz}{n} dz,$$

$$a_n = (-1)^{n-1} \frac{2}{n}.$$

On a donc le développement :

$$\frac{x}{2} = \sin x - \frac{\sin 2x}{2} + \frac{\sin 3x}{3} - \dots$$

quand :

$$-\pi < x < \pi.$$

Quand x augmente de 2π, la série ne change évidemment pas de valeur ; on a donc, en appelant y cette série, pour :

$$\pi < x < 3\pi,$$

$$y = \frac{x}{2} - \pi.$$

pour :

$$3\pi < x < 5\pi,$$

$$y = \frac{x}{2} - 2\pi \dots \text{etc.} \dots$$

Nous allons étudier une série analogue à la précédente :

$$\frac{\cos x}{1} - \frac{\cos 2x}{2} + \frac{\cos 3x}{3} - \dots$$

et pour cela nous allons considérer d'abord la série imaginaire :

$$\frac{e^{ix}}{1} - \frac{e^{2ix}}{2} + \frac{e^{3ix}}{3} - \dots$$

Cette série représente, comme on le sait, la fonction :

$$L(1 + e^{ix})$$

pour toutes les valeurs de x qui ne sont pas des multiples impairs de π.

La partie réelle de cette fonction est :

$$L\,|\,1 + e^{ix}\,| = L\,\sqrt{2 + 2\cos x} = L\,2\cos\frac{x}{2}.$$

On a donc, pour toutes les valeurs de x qui ne sont pas des multiples impairs de π :

$$L\,2\cos\frac{x}{2} = \frac{\cos x}{1} - \frac{\cos 2x}{2} + \frac{\cos 3x}{3} - \dots$$

Dans la série qui donne le développement de $\frac{x}{2}$, changeons x en $\pi - x$; on aura :

$$\frac{\pi - x}{2} = \frac{\sin x}{1} + \frac{\sin 2x}{2} + \frac{\sin 3x}{3} + \dots,$$

le développement étant valable entre 0 et 2π.

La série $L\,2\cos\frac{x}{2}$ devient, par le même changement :

$$L\,2\sin\frac{x}{2} = -\frac{\cos x}{1} - \frac{\cos 2x}{2} - \dots$$

cette formule étant valable entre 0 et 2π. La convergence ne peut pas être uniforme au voisinage de $x = 2k\pi$, car chaque terme est une fonction continue, et la série éprouve en ces points une discontinuité ; mais on peut se demander si la convergence est uniforme pour les valeurs autres que ces valeurs singulières. Pour traiter cette question, rappelons un théorème d'Abel.

43. Théorème d'Abel. — On considère une série :

$$\sigma = u_1 + u_2 + u_3 + \dots + u_n + \dots$$

que l'on suppose convergente ou simplement oscillante.

Si la série est convergente :

$$\lim (\sigma_{n+p} - \sigma_n) = 0,$$

quel que soit p, quand n croît indéfiniment ; on peut donc prendre n assez grand pour que :

$$|\sigma_{n+p} - \sigma_n| < \rho_n,$$

ρ_n étant une quantité aussi petite que l'on voudra.

Dans le cas d'une série oscillante, on peut écrire la même inégalité ; mais ρ_n ne représente plus une quantité infiniment petite ; *mais c'est une quantité finie.*

Considérons une suite de nombres positifs décroissants et tendant vers zéro :

$$\alpha_1, \alpha_2, \dots \qquad \alpha_n \dots$$

je dis que la série :

$$\alpha_1 u_1 + \alpha_1 u_2 + \dots + \alpha_n u_n + \dots$$

est convergente.

Pour le démontrer, nous allons chercher une limite supérieure du reste.

On a :

$$S_{n+p} - S_n = \alpha_{n+1} u_{n+1} + \dots \qquad + \alpha_{n+p} u_{n+p}$$

le second membre peut s'écrire :

$$\alpha_{n+1}(\sigma_{n+1} - \sigma_n) + \dots \qquad + \alpha_{n+p}(\sigma_{n+p} - \sigma_{n+p-1})$$

ou bien encore :

$$\alpha_{n+1}(\sigma_{n+1} - \sigma_n) + \alpha_{n+2}[(\sigma_{n+2} - \sigma_n) - (\sigma_{n+1} - \sigma_n)] + \dots$$
$$\dots + \alpha_{n+p}[(\sigma_{n+p} - \sigma_n) - (\sigma_{n+p-1} - \sigma_n)]$$

ou :

$$(\sigma_{n+1} - \sigma_n)(\alpha_{n+1} - \alpha_{n+2}) + (\sigma_{n+2} - \sigma_n)(\alpha_{n+2} - \alpha_{n+3}) +$$
$$\dots + (\sigma_{n+p-1} - \sigma_n)(\alpha_{n+p-1} - \alpha_{n+p}) + (\sigma_{n+p} - \sigma_n)\alpha_{n+p}$$

Toutes les différences des α entre parenthèses sont positives.

Si on remarque que :

$$|\sigma_{n+p} - \sigma_n| < \rho_n$$

quel que soit p, on voit que la quantité précédente est inférieure en valeur absolue à :

$$\rho_n[(\alpha_{n+1} - \alpha_{n+2}) + (\alpha_{n+2} - \alpha_{n+3}) + \dots \qquad + \alpha_{n+p}]$$

donc :

$$|S_{n+p} - S_n| < \rho_n \alpha_{n+1}$$

Si n croît infiniment, $S_{n+p} - S_n$ tend vers 0, donc la série est convergente.

44. Applications du théorème d'Abel. — Supposons d'abord que l'on ait :

$$u_n = e^{nix}.$$

On aura dans ce cas :

$$\sigma_{n+p} - \sigma_n = e^{nix}\left[e^{ix} + e^{2ix} + \dots \qquad + e^{pix}\right]$$
$$= e^{nix} \frac{e^{ix} - e^{(p+1)ix}}{1 - e^{ix}}$$
$$= e^{(n+1)ix} \frac{1 - e^{pix}}{1 - e^{ix}}.$$

On voit que le module de cette quantité est égal à celui de :

$$\frac{\sin \frac{px}{2}}{\sin \frac{x}{2}}$$

qui est inférieur au module de :

$$\frac{1}{\sin \frac{x}{2}}.$$

On peut donc prendre :

$$\rho_n = \frac{1}{\left|\sin \frac{x}{2}\right|}$$

Cette quantité sera finie pour toutes les valeurs de x qui ne sont pas des multiples pairs de π.

Donc, en multipliant les termes par les quantités positives et décroissantes :

$$\alpha_1, \alpha_2 \dots \qquad \alpha_n \dots$$

on obtient une série convergente, sauf pour les multiples pairs de π.

On arrivera aux mêmes conclusions avec les séries :

$$\sum \cos mx$$

$$\sum \sin mx$$

qui sont respectivement les parties réelles et imaginaires de la série :

$$\sum e^{mix}$$

Si on prend deux quantités x_0 et x_1 comprises entre o et 2π et que l'on fasse varier x de manière que l'on ait :

$$0 < x_0 < x < x_1 < 2\pi$$

on pourra trouver une quantité M indépendante de x telle que l'on ait toujours entre ces limites :

$$\frac{1}{\left|\sin\frac{x}{2}\right|} < M$$

On voit donc que la convergence sera uniforme entre x_0 et x_1 ; le reste est donc inférieur à :

$$M\alpha_{n+1}.$$

En supposant $\alpha_n = \frac{1}{n}$, on obtient les séries que nous avons déjà étudiées :

$$S_1 = \sum \frac{\sin nx}{n}$$

$$S'_1 = \sum \frac{\cos nx}{n}$$

45. En faisant :

$$\alpha_n = \frac{1}{n^2} \qquad \alpha_n = \frac{2}{n^3} \cdots$$

on obtiendra de même les séries :

$$\left\{\begin{aligned} S_2 &= \sum \frac{\sin nx}{n^2} \\ S'_2 &= \sum \frac{\cos nx}{n^2} \end{aligned}\right.$$

$$\left\{\begin{aligned} S_3 &= \sum \frac{\sin nx}{n^3} \\ S'_3 &= \sum \frac{\cos nx}{n^3} \end{aligned}\right.$$

S_2 et S'_2 sont uniformément convergentes. En effet, les termes sont respectivement inférieurs à ceux de la série :

$$\frac{1}{1} + \frac{1}{2^2} + \dots + \frac{1}{n^2} + \dots$$

qui est absolument convergente et dont les termes ne dépendent pas de x.

Donc S_2 et S'_2 représentent des fonctions continues et périodiques.

Il en sera évidemment de même des séries S_3, S'_3, etc.

Cherchons la dérivée de S_2. On a :

$$\frac{dS_2}{dx} = \sum \frac{\cos nx}{n} = S'_1$$

mais, pour que ceci soit légitime, il faut que la série obtenue par la différentiation soit uniformément convergente ; c'est ce qui a lieu pour la série S'_1, comme on l'a vu, sauf pour les valeurs singulières $x = 2k\pi$.

On aura, sans restriction :

$$\frac{dS_3}{dx} = S'_2, \text{ etc.}...$$

mais la dérivée seconde $\frac{d^2S_3}{dx^2}$ est discontinue pour $x = 2K\pi$.

Considérons maintenant une série de la forme:

$$S = \sum P_n \cos nx$$

dans laquelle P_n représente un polynôme en $\frac{1}{n}$:

$$P_n = \frac{\lambda_p}{n^p} + \frac{\lambda_{p+1}}{n^{p+1}} + \cdots + \frac{\lambda_{p+q}}{n^{p+q}}$$

En conservant les notations ci-dessus, la valeur de la série sera:

$$(1) \quad S = \lambda_p S_p + \lambda_{p+1} S_{p+1} + \cdots + \lambda_{p+q} S_{p+q}.$$

Prenons maintenant la série:

$$\sum a_n \cos nx$$

dans laquelle a_n est supposé développable suivant les puissances de $\frac{1}{n}$.

$$a_n = \frac{\lambda_p}{n^p} + \frac{\lambda_{p+1}}{n^{p+1}} + \cdots + \frac{\lambda_q}{n^q} + \frac{\lambda_{q+1}}{n^{q+1}} + \cdots$$

Posons:

$$P_n = \frac{\lambda_p}{n^p} + \cdots + \frac{\lambda_q}{n^q}$$

$$R_n = \frac{\lambda_{q+1}}{n^{q+1}} + \cdots$$

de telle sorte que l'on aura:

$$a_n = P_n + R_n$$

et la série sera :

$$\sum P_n \cos nx + \sum R_n \cos nx$$

La première de ces deux séries, en vertu de l'égalité (1), est continue, ainsi que les dérivées jusqu'à l'ordre $(p-2)$ inclusivement; la dérivée d'ordre $(p-1)$ est discontinue pour $x = 2k\pi$. On a :

$$| R_n | < \frac{k}{n^{q+1}}$$

k étant un nombre fixe. La série :

$$\sum \frac{k}{n^{q+1}} \cos nx$$

est uniformément convergente, ainsi que les séries auxquelles conduisent les $q-2$ premières différentiations.

Il en sera donc de même de la série :

$$\sum R_n \cos nx$$

de sorte que les dérivées de cette série sont continues jusqu'à l'ordre $(q-1)$.

Donc la série :

$$\sum a_n \cos nx$$

a ses dérivées continues jusqu'à l'ordre $(p-2)$ inclusivement, et se comporte comme les séries :

$$S_p \quad \text{et} \quad S'_p$$

Supposons maintenant :

$$a_n = \lambda_n \cos n\varphi$$

λ_n étant développable suivant les puissances de $\frac{1}{n}$.

On pourra considérer la série donnée comme la somme des deux suivantes :

$$\sum \frac{\lambda_n}{2} \cos n\,(x - \varphi) + \sum \frac{\lambda_n}{2} \cos n\,(x + \varphi).$$

La première ne peut avoir de discontinuité que pour :

$$x = 2k\pi + \varphi,$$

et la seconde pour $x = 2k\pi - \varphi$.

Mais cela n'aura lieu que si le développement contient un terme en $\frac{1}{n}$.

De même, si l'on a :

$$a_n = \lambda_n \cos n\varphi + \mu_n \sin n\varphi + \lambda'_n \cos n\varphi' + \mu'_n \sin n\varphi' + \ldots..$$

il ne pourra y avoir de discontinuité que si l'on a :

$$x = 2k\pi \pm \varphi \qquad \text{ou} \qquad x = 2k\pi \pm \varphi' \ldots..$$

46. Supposons maintenant que l'on ait :

$$a_n = \alpha_n e^{-nt}$$

t étant un nombre positif, et α_n étant tel que :

$$|\alpha_n| < k.$$

La série :

$$\sum a_n \cos nx$$

est une fonction holomorphe de x.

En effet, on peut l'écrire :

$$\sum \frac{\alpha_n}{2} e^{-nt+nix} + \sum \frac{\alpha_n}{2} e^{-nt-ntx}.$$

Ces deux séries sont des fonctions holomorphes de x. Donc leur somme est aussi une fonction holomorphe de x.

Considérons maintenant, d'une manière plus générale, la série :

$$\sum \varphi_n(t) \cos nx$$

en supposant $\varphi_n(t)$ développable suivant les puissances croissantes de t.

Soit :

$$\varphi_n(t) = \alpha_n^0 + \alpha_n^1 t + \alpha_n^2 t^2 + \ldots\ldots + \alpha_n{}^p t^p + \ldots\ldots$$

Cette série est-elle une fonction holomorphe de t?

Cherchons, d'abord, si l'on peut grouper les termes qui contiennent une même puissance de t.

Cela pourra se faire si la série :

$$\sum \varphi_n(t) \cos nx$$

est absolument convergente ; ce qui aura lieu, par exemple, si la série :

$$\sum\sum | \alpha_n{}^p t^p |$$

est convergente.

Supposons en particulier:

$$\varphi_n(t) = \varphi\left(\frac{1}{n}, t\right)$$

et supposons que l'on ait:

$$\varphi_n(t) = A_0 + \frac{A_1}{n} + \frac{A_2}{n^2} + \dots + \frac{A_p}{n^p} + \dots$$

A_0, A_1, A_2,... A_p... étant des fonctions de t développables suivant les puissances croissantes de t.

Pour que le terme général tende vers zéro, il faut que l'on ait :

$$A_0 = 0.$$

Nous supposerons, d'abord, que l'on a aussi :

$$A_1 = 0.$$

On aura :

$$\varphi_n(t) = \sum\sum \beta_p^q \left(\frac{1}{n}\right)^p t^q.$$

Supposons cette série convergente pour :

$$\frac{1}{n} < \alpha \qquad t < \gamma.$$

Alors la quantité:

$$\beta_p^q \alpha^p \gamma^q$$

doit tendre vers zéro, donc on peut trouver un nombre M tel que:

$$|\beta_p^q| \alpha^p \gamma^q < M$$

$$|\beta_p^q| < \frac{M}{\alpha^p \gamma^q}.$$

Donc, si la série :

$$\sum\sum\sum \mathrm{M}\left(\frac{1}{\alpha n}\right)^p\left(\frac{t}{\gamma}\right)^q$$

est convergente, la série :

$$\sum\sum\sum \beta_p^q\left(\frac{1}{n}\right)^p t^q \cos nx$$

sera absolument convergente.

Sommons la première de ces séries.

Effectuons d'abord la sommation par rapport à q. On a :

$$\sum\sum \mathrm{M}\left(\frac{1}{\alpha n}\right)^p\left[1+\frac{t}{\gamma}+\frac{t^2}{\gamma^2}+\ldots\ldots\right].$$

c'est-à-dire :

$$\sum\sum \mathrm{M}\left(\frac{1}{\alpha n}\right)^p \cdot \frac{1}{1-\frac{t}{\gamma}}.$$

Sommons par rapport à p, on a :

$$\sum \frac{\mathrm{M}}{1-\frac{t}{\gamma}}\left[\frac{1}{\alpha^2 n^2}+\frac{1}{\alpha^3 n^3}+\cdots\right]$$

$$=\sum \frac{\mathrm{M}\,\frac{1}{\alpha^2 n^2}}{\left(1-\frac{t}{\gamma}\right)\left(1-\frac{1}{\alpha n}\right)}$$

Cette série est convergente, car elle est comparable à la série :

$$1+\frac{1}{2^2}+\cdots \qquad +\frac{1}{n^2}+\cdots$$

Ainsi donc, si $\varphi_n(t)$ ne contient pas de terme en $\frac{1}{n}$, la série:

$$\sum \varphi_n(t) \cos nx$$

est une fonction holomorphe de t.

Supposons que $\varphi_n(t)$ contienne un terme en $\frac{1}{n}$, on posera:

$$\varphi_n = \frac{A_1}{n} + \psi_n(t)$$

et la série deviendra :

$$A_1 \sum \frac{\cos nx}{n} + \sum \psi_n(t) \cos nx.$$

On voit que la série est encore une fonction holomorphe de t, puisqu'il en est ainsi de A_1 et de $\sum \psi_n \cos nx$, et que, d'autre part, le coefficient $\sum \frac{\cos nx}{n}$ est indépendant de t.

CHAPITRE V

PROBLÈME DE L'ARMILLE

47. On appelle *armille* un fil de très faible section, formant un circuit fermé. On se donne la distribution initiale de la température dans l'armille, et l'on demande quelle sera cette distribution quand on aura laissé l'armille se refroidir librement pendant un temps quelconque.

L'équation du mouvement de la chaleur dans un fil est, comme on l'a vu :

$$\frac{dV}{dt} + aV = k\frac{d^2V}{dx^2} \tag{1}$$

a et k étant des constantes, et x représentant la longueur du fil comptée suivant son axe à partir d'une certaine origine. On a vu qu'en posant :

$$V = Ue^{-at}$$

l'équation se réduit à :

$$\frac{dU}{dt} = k\frac{d^2U}{dx^2}$$

Choisissons l'unité de longueur de manière que la longueur de l'armille soit 2π, et l'unité de temps de manière que $k = 1$.

On aura alors :

$$\frac{dU}{dt} = \frac{d^2U}{dx^2} \tag{2}$$

U doit être une fonction périodique de x et de période 2π.

L'équation différentielle doit être satisfaite pour les valeurs positives de t; et pour $t = o$ on doit avoir :

$$U = f(x)$$

$f(x)$ étant une fonction donnée.

L'équation différentielle (2) admet comme intégrales particulières :

$$u = \cos nx \; e^{-n^2t}$$

$$u = \sin nx \; e^{-n^2t}.$$

En effet, on a pour ces deux cas :

$$\frac{du}{dt} = -n^2u$$

$$\frac{d^2u}{dx^2} = -n^2u.$$

Il résulte de là que :

$$U = \sum a_n \cos nx \; e^{-n^2t} + \sum b_n \sin nx \; e^{-n^2t}$$

sera aussi une intégrale de l'équation (2).

La fonction $f(x)$, qui a pour période 2π, peut se développer par la série de Fourier. Soit :

$$f(x) = \sum (a_n \cos nx + b_n \sin nx).$$

Considérons alors :

$$U = \sum a_n \cos nx\, e^{-n^2t} + \sum b_n \sin nx\, e^{-n^2t}.$$

En posant :

$$u_n = a_n \cos nx + b_n \sin nx\,;$$

on a :

$$U = \sum u_n e^{-n^2t}.$$

48. Nous allons vérifier que U satisfait aux conditions de l'énoncé.

La série qui représente $f(x)$ est, par hypothèse, convergente. Donc :

$$| a_n \cos nx + b_n \sin nx | < k,$$

k étant une constante, et ceci a lieu quel que soit x; en particulier, en faisant successivement $x = 0$ et $x = \frac{\pi}{2}$, on voit que :

$$| a_n | < k \qquad | b_n | < k.$$

Nous allons démontrer que, pour $t > 0$, U est une fonction holomorphe de x et de t.

Nous avons vu que les séries :

$$\sum \alpha_n \cos nx,$$

$$\sum \alpha_n \sin nx.$$

représentent des fonctions holomorphes de x, si on a :

$$| \alpha_n | < ke^{-nt},$$

t étant un nombre positif.

Or, la série U se compose de deux autres satisfaisant évidemment à cette condition, car on a :

$$| a_n e^{-n^2 t} | < k e^{-nt},$$
$$| b_n e^{-n^2 t} | < k e^{-nt},$$

puisque l'on a :

$$| a_n | < k \qquad | b_n | < h.$$

Donc la série U est une fonction holomorphe de x.

Changeons t en $t + h$, on aura :

$$U = \sum u_n e^{-n^2(t+h)}.$$

Supposons $t > 0$, et prenons h assez petit pour que :

$$t - h > 0.$$

U est alors développable suivant les puissances croissantes de h. En effet, on a :

$$e^{-n^2(t+h)} = e^{-n^2 t} \sum \frac{(-n^2 h)^p}{p!}.$$

D'où :

$$U = \sum \sum u_n e^{-n^2 t} \frac{(-n^2 h)^p}{p!}.$$

Nous avons ainsi U mis sous la forme d'une série à double entrée que l'on doit d'*abord* sommer par rapport à p, et *ensuite* par rapport à n.

Je me propose de montrer que U est une fonction holomorphe de h, et pour cela de développer U suivant les puissances de h. Cela revient à changer l'ordre des termes de la série, en les ordonnant par rapport aux puissances de h, c'est-à-dire à sommer la série d'*abord* par rapport à n, et *ensuite* par rapport à p.

Pour que l'on puisse ordonner la série suivant les puissances croissantes de h, il suffit que la série soit absolument convergente. Or, le terme général est moindre en valeur absolue que celui de la série :

$$\sum\sum ke^{-n^2t}\frac{(n^2h)^p}{p!}$$

qui est convergente ; en effet, elle est égale à la série :

$$\sum ke^{-n^2(t-h)},$$

et l'on a par hypothèse :

$$t-h>0.$$

Donc, d'après ce qui précède, U est une fonction holomorphe de x et de t pour toutes les valeurs positives de t.

49. Nous allons démontrer maintenant que U satisfait à l'équation (2).

On a :

$$\frac{dU}{dt}=\sum -n^2u_ne^{-n^2t},$$

$$\frac{d^2U}{dx^2}=\sum -n^2u_ne^{-n^2t}.$$

Pour que ces séries représentent véritablement les dérivées de U, il faut qu'elles soient uniformément convergentes.

Quel que soit t, nous pourrons prendre t_0 assez petit pour que l'on ait :

$$0 < t_0 < t.$$

On voit alors que le terme général de la série précédente est plus petit en valeur absolue que :

$$n^2 k e^{-n^2 t_0}$$

qui est le terme général d'une série convergente dont le terme général ne dépend ni de x ni de t.

Donc $\frac{dU}{dt}$ et $\frac{d^2U}{dx^2}$ sont bien représentées par la série :

$$\sum -n^2 u_n e^{-n^2 t}.$$

On en conclut aisément que la fonction U satisfait à l'équation différentielle.

Reste à savoir si U se réduit à $f(x)$ pour $t = 0$, c'est-à-dire si, quand t tend vers zéro, U tend vers $f(x)$. Ceci n'est pas évident, puisque nous ne savons pas si U est holomorphe pour $t = 0$.

Appliquons le théorème d'Abel à la série $f(x)$, en prenant :

$$\alpha_n = e^{-n^2 t}, \qquad u_n = a_n \cos nx + b_n \sin nx.$$

Le reste de la série ainsi formée, qui est précisément la série U, sera tel que :

$$|R_n| < \rho_n e^{-(n+1)^2 t}$$

et comme on suppose $t \geqq 0$:

$$|R_n| < \rho_n$$

Or, la série Σu_n étant convergente, on peut prendre n

assez grande pour que ρ_n qui, d'ailleurs, ne dépend pas de t, soit aussi petit qu'on veut. Donc la série U est uniformément convergente par rapport à t; la somme de cette série est donc une fonction continue de t. Or, pour $t = 0$, elle se réduit à $f(x)$. Donc, quand t tend vers zéro, U tend vers $f(x)$.

50. En général, pour $t = 0$, la série ne sera fonction holomorphe ni de x ni de t. En effet, pour $t = 0$, on peut se donner arbitrairement la fonction $f(x)$; par conséquent, elle peut être discontinue, et U ne sera pas alors une fonction holomorphe de x.

Pour voir que U n'est pas, en général, fonction holomorphe de t, choisissons $f(x)$ de façon que l'on ait :

$$f(x) = 0 \qquad \text{pour } 0 < x < \pi$$

$f(x)$ ayant des valeurs quelconques quand x est compris entre $-\pi$ et 0.

Pour $t > 0$ on ne pourra plus avoir une telle distribution, c'est-à-dire qu'il ne pourra pas arriver que U soit constamment nul dans un intervalle fini, car on a démontré que U était alors une fonction holomorphe de x, et on sait qu'une fonction holomorphe ne peut être nulle dans un intervalle fini, si petit qu'il soit, sans être identiquement nulle.

L'équation différentielle :

$$\frac{dU}{dt} = \frac{d^2U}{dx^2}$$

nous donne, par différentiations successives :

$$\frac{d^2U}{dt^2} = \frac{d^3U}{dx^2\,dt}$$

$$\frac{d^3U}{dt\,dx^2} = \frac{d^4U}{dx^4}.$$

D'où l'on tire :

$$\frac{d^2U}{dt^2} = \frac{d^4U}{dx^4}$$

et, d'une façon générale :

$$\frac{d^pU}{dt^p} = \frac{d^{2p}U}{dx^{2p}}.$$

Remplaçons dans ces équations t par o, et x par une valeur comprise entre o et π. Les dérivées par rapport à x seront nulles, puisque $f(x)$ reste constamment nulle dans cet intervalle ; il en résultera que les dérivées par rapport à t sont aussi nulles.

Si donc U était une fonction holomorphe de t pour $t = 0$, elle serait développable au voisinage de $t = 0$, et on aurait :

$$U = U_0 + \left(\frac{dU}{dt}\right)_0 t + \left(\frac{d^2U}{dt^2}\right)_0 \frac{t^2}{1.2.} + \dots$$

Tous les coefficients étant nuls, U serait identiquement nul, même pour des valeurs positives de t, et nous avons vu que ceci est impossible.

Donc, U n'est pas, en général, fonction holomorphe de t pour $t = 0$.

51. On aurait pu se poser le problème de la façon suivante :

Quelle devait être la température à un instant t_0, pour que, au temps $t_1 > t_0$, la distribution des températures soit faite suivant une loi donnée.

Mais un tel problème n'a pas, en général, de solution.

En effet, prenons $t_1 = 0$, on a $t_0 < 0$. La solution, si elle existait, serait donnée par la série :

$$U = \sum u_n e^{-n^2 t_0}$$

qui n'est pas convergente *en général* dans ce cas.

52. Expression de U par une intégrale définie. — Nous avons trouvé :

$$a_0 = \int_{-\pi}^{\pi} \frac{f(z)\, dz}{2\pi}$$

$$a_n = \int_{-\pi}^{\pi} \frac{f(z) \cos nz}{\pi}\, dz$$

$$b_n = \int_{-\pi}^{\pi} \frac{f(z) \sin nz}{\pi}\, dz.$$

Remplaçons dans la fonction U ces coefficients par leurs valeurs ; on aura :

$$U = \int_{-\pi}^{\pi} \frac{f(z)\, dz}{2\pi}\, \Theta$$

en posant :

$$(3) \qquad \Theta = 1 + 2 \sum \cos n\,(x - z)\, e^{-n^2 t}$$

On reconnaît ici la fonction Θ de Jacobi, dont les propriétés sont connues.

53. Nous allons transformer la fonction U en nous servant des propriétés de la fonction Θ. Les fonctions Θ peuvent se mettre sous une infinité de formes différentes. On passe de l'une à l'autre en passant d'un système de périodes à un autre équivalent.

Par exemple, en permutant les périodes, on obtient des formules de transformation dont nous allons faire usage.

Adoptons les notations d'Halphen.

Soient : u la variable indépendante, 2ω et $2\omega'$ les périodes. On pose :

$$v = \frac{u}{2\omega}, \qquad \tau = \frac{\omega'}{\omega}$$

$$q = e^{i\pi\tau}, \qquad z = e^{i\pi v}$$

$$\vartheta_3 = \sum_{-\infty}^{+\infty} q^{n^2} z^{2n}$$

$$= 1 + 2 \sum q^{n^2} \cos 2n\pi v$$

Pour passer de cette fonction à la fonction Θ, qui entre dans la formule (3), il suffit de poser :

$$q = e^{-t}, \qquad x - z = 2\pi v$$

Halphen démontre l'identité suivante [1] :

$$\vartheta_3 (v \mid \tau) = \sqrt{\frac{i}{\tau}}\, e^{-i\pi\frac{v^2}{\tau}}\, \vartheta_3 \left(\frac{v}{\tau} \middle| \frac{-1}{\tau}\right)$$

Posons maintenant :

$$z_1 = e^{\frac{i\pi v}{\tau}}, \qquad q_1 = e^{-i\frac{\pi}{\tau}}$$

On a alors :

$$\vartheta_3 \left(\frac{v}{\tau} \middle| \frac{-1}{\tau}\right) = \sum {q_1}^{n^2} {z_1}^{2n}$$

(1) *Fonctions elliptiques*, tome I, page 264.

Pour revenir à la fonction Θ, on a :

$$-t = i\pi\tau$$

D'où :

$$\sqrt{\frac{i}{\tau}} = \sqrt{\frac{\pi}{t}}$$

Donc :

$$\Theta = \sqrt{\frac{\pi}{\tau}} \sum e^{A}$$

$$A = -\frac{i\pi v^2}{t} - \frac{n^2 i\pi}{\tau} + 2n\frac{i\pi v}{\tau}$$

Comme on a :

$$-t = i\pi\tau, \qquad x - z = 2\pi v$$

on a :

$$A = -\frac{\pi^2}{t}(v-n)^2 = -\frac{(x-z-2n\pi)^2}{4t}$$

On a donc :

$$\Theta = \sqrt{\frac{\pi}{t}} \sum_{-\infty}^{+\infty} e^{-\frac{(x-z-2n\pi)^2}{4t}} \tag{4}$$

On voit donc que la fonction Θ qui figure dans U peut se mettre sous la forme de deux séries différentes (3) et (4).

La première converge rapidement quand t est très grand, et la seconde quand t est très petit.

54. Nous allons vérifier directement que la fonction U, exprimée au moyen de la fonction Θ prise sous la forme (4), satisfait aux conditions du problème.

Pour voir que U satisfait à l'équation différentielle (2), il suffit de voir que chacun des termes de Θ satisfait à cette équation.

On voit facilement qu'il suffit de vérifier que la fonction :

$$u = t^{-\frac{1}{2}} e^{-\frac{x^2}{4t}}$$

satisfait à l'équation (2).

En effet, on a :

$$\frac{du}{dt} = -\frac{1}{2} t^{-\frac{3}{2}} e^{-\frac{x^2}{4t}} + t^{-\frac{1}{2}} \frac{x^2}{4t^2} e^{-\frac{x^2}{4t}}$$

$$\frac{du}{dx} = -\frac{t^{-\frac{1}{2}}}{2} \frac{x}{t} e^{-\frac{x^2}{4t}}$$

$$\frac{d^2u}{dx^2} = -\frac{1}{2} t^{-\frac{1}{2}} e^{-\frac{x^2}{4t}} + t^{-\frac{1}{2}} \frac{x^2}{4t^2} e^{-\frac{x^2}{4t}}$$

Donc :

$$\frac{du}{dt} = \frac{d^2u}{dx^2}$$

et l'on a, par suite :

$$\frac{dU}{dt} = \frac{d^2U}{dx^2}$$

Pour démontrer ce fait rigoureusement, il faudrait établir que la convergence des séries est uniforme et faire un raisonnement analogue à celui que nous avons fait pour la première forme de la fonction U.

Remarquons ensuite que Θ, et par suite U, sont des fonctions périodiques de x et de période 2π.

Reste à voir maintenant si, pour $t = 0$, U tend vers $f(x)$.

On a :

$$U = \int_{-\pi}^{\pi} \frac{f(z)\, dz}{2\pi} \Theta$$

Lorsque t tend vers o, les exponentielles contenues dans Θ

tendent rapidement vers zéro, sauf celles pour lesquelles $(x - z - 2n\pi)$ peut avoir des valeurs très voisines de zéro; ceci n'aura lieu que pour le terme:

$$e^{-\frac{(x-z)^2}{4t}}\sqrt{\frac{\pi}{t}}$$

Donc la série se réduit à:

$$\int_{-\pi}^{\pi}\frac{f(z)\,dz}{2\pi}\cdot\sqrt{\frac{\pi}{t}}\cdot e^{-\frac{(x-z)^2}{4t}}.$$

En posant:

$$z = x + y$$

et, remarquant que l'intégrale ne sera différente de zéro que pour des valeurs infiniment petites de y, on voit que l'on a:

$$\int\frac{f(x+y)}{2\pi}\,dy\,e^{-\frac{y^2}{4t}}\sqrt{\frac{\pi}{t}}$$

Comme on n'envisage que les valeurs infiniment petites de y, $f(x+y)$ diffère très peu de $f(x)$. On peut donc remplacer $f(x+y)$ par $f(x)$ et faire sortir $f(x)$ du signe $\int$.

On a alors:

$$\sqrt{\frac{\pi}{t}}\frac{f(x)}{2\pi}\int e^{-\frac{y^2}{4t}}\,dy$$

Comme t tend vers zéro, on peut donner à l'intégrale des limites quelconques, par exemple: $-\infty$ et $+\infty$, et on a:

$$\sqrt{\frac{\pi}{t}}\frac{f(x)}{2\pi}\int_{-\infty}^{+\infty}e^{-\frac{y^2}{4t}}\,dy = \sqrt{\frac{\pi}{t}}\frac{f(x)}{2\pi}\,2\sqrt{\pi t}$$
$$= f(x).$$

Donc U tend vers $f(x)$ quand t tend vers zéro.

55. Nous avons fait choix d'un système d'unités particulières. Nous pouvons maintenant rétablir l'homogénéité. Soit $2l$ la longueur de l'armille. Nous remplacerons partout :

$$x \quad \text{par} \quad \frac{\pi x}{l}$$

$$z \quad \text{par} \quad \frac{\pi z}{l}$$

et :

$$t \quad \text{par} \quad \frac{k\pi^2 t}{l^2}.$$

Dans les formules obtenues de cette façon, nous ferons croître l indéfiniment ; et, comme nous le démontrerons, nous obtiendrons ainsi la solution pour le cas d'un fil indéfini.

CHAPITRE VI

FIL INDÉFINI. — INTÉGRALE DE FOURIER

56. Nous avons obtenu pour le problème de l'armille la solution :

$$U = \int_{-\pi}^{\pi} \frac{f(z)\,dz}{2\pi}\,\Theta$$

où l'on a :

$$\Theta = 1 + 2\sum_{1}^{\infty} e^{-n^2 t} \cos n(x - z)$$

ou bien :

$$\Theta = \sqrt{\frac{\pi}{t}} \sum_{-\infty}^{+\infty} e^{-\frac{(x-z-2n\pi)^2}{4t}}$$

En faisant le changement d'unités dont nous avons parlé, on obtient :

$$U = \int \frac{f(z)\,dz}{2l}\,\Theta$$

et l'on a dans ce cas :

$$\Theta = 1 + 2\sum e^{-\frac{kn^2\pi^2}{l^2}t} \cos\frac{n\pi}{l}(x - z)$$

ou bien :

$$\Theta = \frac{l}{\sqrt{k\pi t}} \sum e^{\frac{-(x-z-2nl)^2}{4kt}}$$

Posons maintenant :

$$q = \frac{\pi n}{l}$$

$$\delta q = \frac{\pi}{l}.$$

On a alors :

$$\mathrm{U} = \int_{-l}^{l} \frac{f(z) \,.\, \Theta\delta q \, dz}{2\pi}$$

et :

$$\Theta\delta q = \delta q + 2\sum \delta q e^{-kq^2t} \cos q\,(x - z)$$

ou bien :

$$\Theta\delta q = \sqrt{\frac{\pi}{kt}} \sum e^{-\frac{(x-z-2nl)^2}{4kt}}.$$

Si on suppose que l croisse indéfiniment, δq tendra vers zéro, et, comme on doit donner à q toutes les valeurs multiples de δq, on voit qu'à la limite la somme qui figure dans la première des expressions de $\Theta\delta q$ devient une intégrale, et l'on a, dans ces conditions :

$$\mathrm{U} = \int_{-\infty}^{+\infty} \frac{f(z) \,.\, \Theta\delta q}{2\pi} \, dz$$

et on a:

$$\lim \Theta\delta q = 2\int_0^{\infty} e^{-kq^2t} \cos q(x - z)\, dq.$$

Dans les mêmes conditions, la seconde forme de $\Theta\delta q$ devient:

$$\lim \Theta\delta q = \sqrt{\frac{\pi}{kt}}\, e^{-\frac{(x-z)^2}{4kt}}.$$

Tels sont les résultats obtenus quand la longueur de l'armille croît indéfiniment ; nous allons montrer que ces formules donnent bien la solution du problème dans le cas du fil indéfini.

La première solution a été donnée par Fourier, la seconde par Laplace.

57. En identifiant les deux valeurs obtenues pour $\lim \Theta\delta q$, nous obtenons :

$$2\int_{+0}^{+\infty} e^{-kq^2t} \cos q(x - z)\, dq = \sqrt{\frac{\pi}{kt}}\, e^{-\frac{(x-z)^2}{4kt}}$$

ou, comme la fonction sous le signe $\int$ est une fonction paire:

$$\int_{-\infty}^{+\infty} e^{-kq^2t} \cos q(x - z)\, dq = \sqrt{\frac{\pi}{kt}}\, e^{-\frac{(x-z)^2}{4kt}}.$$

Nous allons vérifier directement ce résultat. On sait que l'on a:

$$\int_{-\infty}^{+\infty} e^{-z^2}\, dz = \sqrt{\pi}.$$

Cette égalité est encore vraie si, au lieu d'intégrer le long de ox, on intègre le long d'une parallèle à cet axe.

Posons donc, dans la dernière égalité :

$$z = \alpha q + i\beta$$

α et β étant des quantités réelles.

On aura :

$$\int_{-\infty}^{\infty} e^{-\alpha^2 q^2} e^{-2\alpha q \beta i}\, e^{\beta^2}\, \alpha\, dq = \sqrt{\pi}.$$

Égalons les parties réelles :

$$\int_{-\infty}^{\infty} e^{-\alpha^2 q^2} \cos 2\alpha\beta q\, e^{\beta^2}\, \alpha\, dq = \sqrt{\pi}.$$

D'où :

$$\int_{-\infty}^{\infty} e^{-\alpha^2 q^2} \cos 2\alpha\beta q \,.\, dq = \sqrt{\pi}\, \frac{e^{-\beta^2}}{\alpha}.$$

Posons :

$$\alpha = \sqrt{kt}$$

$$\beta = \frac{x - z}{2\sqrt{kt}}$$

on a :

$$\int_{-\infty}^{\infty} e^{-kq^2 t} \cos q(x - z)\, dq = \sqrt{\frac{\pi}{kt}}\, e^{-\frac{(x-z)^2}{4kt}}.$$

C. Q. F. D.

58. Solution de Fourier. — Cette solution repose sur une transformation de la série de Fourier.

On a vu qu'étant donnée une fonction $f(x)$ définie entre $-\pi$ et π par la série :

$$f(x) = \frac{1}{\pi} \sum \int_{-\pi}^{\pi} f(z) \cos n(x - z)\, dz$$

on peut, par un changement d'unités, la représenter entre $-l$ et $+l$.

On trouve ainsi :

$$f(x) = \frac{1}{l} \sum \int_{-l}^{+l} f(z) \cos \frac{n\pi}{l} (x - z)\, dz$$

ou bien :

$$f(x) = \sum \left(a_n \cos \frac{n\pi}{l} x + b_n \sin \frac{n\pi}{l} x \right)$$

avec :

$$a_n = \int_{-l}^{l} \frac{f(z)}{l} \cos \frac{n\pi}{l} z\, dz,$$

$$b_n = \int_{-l}^{l} \frac{f(z)}{l} \sin \frac{n\pi}{l} z\, dz.$$

Posons, comme nous l'avons déjà fait :

$$\frac{n\pi}{l} = q,$$

$$\frac{\pi}{l} = \delta q$$

et :

$$a_n = \varphi(q)\, \delta q,$$
$$b_n = \psi(q)\, \delta q.$$

On aura :

$$f(x) = \sum [\varphi(q) \cos qx + \psi(q) \sin qx]\, \delta q$$

et l'on a pour $\varphi(q)$ et $\psi(q)$ les expressions :

$$\varphi(q) = \int_{-l}^{l} \frac{f(z) \cos qz}{\pi}\, dz.$$

$$\psi(q) = \int_{-l}^{l} \frac{f(z) \sin qz}{\pi}\, dz.$$

On conçoit donc que, si l croît, on aura à la limite la représentation de la fonction $f(x)$ entre $-\infty$ et $+\infty$, sous la forme :

$$f(x) = \int_0^{\infty} [\varphi(q) \cos qx + \psi(q) \sin qx]\, dq,$$

avec :

$$\varphi(q) = \int_{-\infty}^{\infty} f(z) \frac{\cos qz}{\pi}\, dz,$$

$$\psi(q) = \int_{-\infty}^{\infty} f(z) \frac{\sin qz}{\pi}\, dz.$$

Nous allons voir dans quelles conditions on peut être assuré de la possibilité d'une telle représentation.

59. Intégrale de Fourier. — Supposons qu'une fonction $f(x)$ satisfasse à la condition de Dirichlet, c'est-à-dire que l'on ait :

$$f(x) = f_1(x) - f_2(x),$$

f_1 et f_2 étant deux fonctions constamment finies ne croissant jamais ; de plus, nous supposerons que, quand x tend vers $\pm\infty$, f_1 et f_2 tendent vers une même limite finie et déterminée, de telle sorte que :

$$\lim f(x) = 0.$$

Considérons les intégrales $\varphi(q)$ et $\psi(q)$, nous allons montrer qu'elles sont finies et déterminées.

Prenons, par exemple :

$$\int_{-\infty}^{+\infty} f(z) \sin qz\, dz.$$

Divisons le champ d'intégration en deux autres :

$$\int_{-\infty}^{\infty} = \int_{-\infty}^{0} + \int_{0}^{\infty},$$

et occupons-nous seulement de l'intégrale :

$$\int_0^\infty f(z) \sin qz \, dz$$

Nous voulons savoir si cette intégrale a un sens, c'est-à-dire si :

$$\int_0^l f(z) \sin qz \, dz$$

tend vers une limite déterminée quand l croît indéfiniment.

Pour cela, supposons d'abord que $f(z)$ soit positive, ne croisse jamais et tende vers zéro, quand z croît indéfiniment.

Décomposons l'intervalle d'intégration en intervalles partiels :

$$\int_0^\infty = \int_0^{\frac{\pi}{q}} + \int_{\frac{\pi}{q}}^{\frac{2\pi}{q}} + \dots$$

$f(z) \sin qz$ sera alternativement positive et négative dans chacun de ces intervalles, et l'on voit, comme précédemment pour la série de Fourier, que les intégrales vont en décroissant. De plus, le terme général tend vers zéro. Ce terme est, en effet :

$$\int_{\frac{n\pi}{q}}^{(n+1)\frac{\pi}{q}} f(z) \sin qz \, dz.$$

Il tend vers zéro, car le champ d'intégration reste fini, et la fonction $f(z)$ tend vers zéro.

Si nous revenons au cas général où $f(z)$ satisfait à la condition de Dirichlet, on a :

$$f(x) = f_1(x) - f_2(x)$$
$$\lim f_1 = \lim f_2 = \varphi.$$

D'où :

$$f = (f_1 - \varphi) - (f_2 - \varphi)$$

$(f_1 - \varphi)$ et $(f_2 - \varphi)$ sont des fonctions positives décroissantes et tendant vers zéro.

Les résultats précédents sont applicables à ces deux fonctions, et par suite à la fonction $f(x)$ qui est leur différence. Les mêmes considérations s'appliqueraient à l'intégrale :

$$\int_{-\infty}^{0} f(z) \sin qz\, dz$$

et aussi à l'intégrale :

$$\int_{-\infty}^{+\infty} f(z) \cos qz\, dz.$$

60. Considérons d'une façon générale :

$$\int_{0}^{\infty} f(z) \cos q(x - z)\, dz$$

et supposons d'abord $f(z)$ positive, décroissante et tendant vers zéro ; quand x croît indéfiniment, $\cos q(x - z)$ s'annule pour des valeurs de z en progression arithmétique :

$$h, \qquad h\frac{\pi}{q}, \qquad h + \frac{2\pi}{q}\dots$$

Supposons que nous remplacions l'intégrale considérée

par :

$$\int_0^l f(z) \cos q\,(x - z)\, dz$$

et cherchons une limite de l'erreur commise.

La valeur de cette erreur est :

$$\int_l^{\infty} f(z) \cos q\,(x - z)\, dz.$$

Supposons :

$$h < l < h + \frac{\pi}{q}.$$

On a :

$$\int_h^{\infty} = \int_h^{h+\frac{\pi}{q}} + \int_{h+\frac{\pi}{q}}^{h+\frac{2\pi}{q}} + \cdots$$

Nous avons une série alternée. Donc, la valeur absolue du premier terme est une limite supérieure de la valeur absolue de la série ; et la valeur absolue de la différence des deux premiers termes en est une limite inférieure.

Supposons, pour fixer les idées, le premier terme positif ; on a alors :

$$\int_h^{h+\frac{2\pi}{q}} < \int_h^{\infty} < \int_h^{h+\frac{\pi}{q}}$$

Retranchons partout $\int_h^l$, il vient :

$$\int_l^{h+\frac{2\pi}{q}} < \int_l^{\infty} < \int_l^{h+\frac{\pi}{q}}$$

Retranchons du premier membre la quantité $\int_l^{h+\frac{\pi}{q}}$ qui est positive, on aura :

$$\int_{h+\frac{\pi}{q}}^{h+\frac{2\pi}{q}} < \int_{l}^{\infty} < \int_{l}^{h+\frac{\pi}{q}}$$

Considérons maintenant l'intégrale :

$$\int_{l}^{h+\frac{\pi}{q}} f(z) \cos q (z - x) \, dz.$$

Le champ d'intégration est inférieur à $\frac{\pi}{q}$, et la fonction sous le signe $\int$ est inférieure à $f(l)$. On a donc :

$$\int_{l}^{h+\frac{\pi}{q}} f(z) \cos q (z - x) \, dz < \frac{\pi}{q} f(l)$$

De même, on a :

$$\left| \int_{h+\frac{\pi}{q}}^{h+\frac{2\pi}{q}} f(z) \cos q (z - x) \, dz \right| < \frac{\pi}{q} f(l).$$

On a donc :

$$\left| \int_{l}^{\infty} f(z) \cos q (x - z) \, dz \right| < \frac{\pi}{q} f(l).$$

Supposons maintenant que $f(z)$ satisfasse à la condition de Dirichlet et tende vers zéro quand z croît indéfiniment.

En désignant par φ la limite commune de f_1 et f_2, on prendra comme précédemment :

$$f = (f_1 - \varphi) - (f_2 - \varphi).$$

Si nous considérons l'intégrale :

$$\int_l^\infty f(z) \cos q (x - z)\, dz,$$

elle s'écrit :

$$\int_l^\infty (f_1 - \varphi) \cos q (x - z)\, dz - \int_l^\infty (f_2 - \varphi) \cos q (x - z)\, dz.$$

On en conclut aisément :

$$\left| \int_l^\infty f(z) \cos q (x - z)\, dz \right| < \frac{\pi}{q} [f_1 (l) + f_2 (l) - 2\varphi].$$

On trouverait de même une limite supérieure de l'intégrale :

$$\int_{-\infty}^{-l} f(z) \cos q (x - z)\, dz.$$

61. Soit maintenant :

$$F (q) = \varphi (q) \cos qx + \psi (q) \sin qx$$
$$= \int_{-\infty}^{\infty} \frac{f(z)\, dz}{\pi} (\cos qz \cos qx + \sin qz \sin qx)$$

ou, en posant :

$$H = \frac{f(z)}{\pi} \cos q (x - z)$$
$$F (q) = \int_{-\infty}^{\infty} H dz.$$

Nous avons été conduits à l'équation :

$$f (x) = \int_0^\infty dq \int_{-\infty}^{+\infty} \frac{f(z) \cos q (x - z)}{\pi} dz$$

ou bien :

$$f(x) = \int_0^{\infty} F(q)\, dq.$$

C'est cette égalité qu'il s'agit maintenant de démontrer.

Les intégrales $\varphi(q)$ et $\psi(q)$ sont bien déterminées, comme on l'a vu ; par suite, la fonction $F(q)$ l'est également.

En réalité, nous voulons démontrer que $f(x)$ est la limite de l'intégrale double :

$$\int_0^{\beta} dq \int_{-l}^{l} \mathrm{H}\, dz$$

où :

$$\mathrm{H} = \frac{f(z)}{\pi} \cos q\,(x - z)$$

lorsque d'abord l et ensuite β croissent indéfiniment.

Considérons cette intégrale double. On peut y intervertir l'ordre des intégrations, puisque les limites sont finies : ce qui nous donnera :

(1) $$\int_{-l}^{l} dz \int_0^{\beta} \mathrm{H}\, dq$$

Or :

(2) $$\int_0^{\beta} \mathrm{H}\, dq = \frac{f(z)}{\pi} \frac{\sin \beta\,(x - z)}{x - z}.$$

Admettons pour le moment que l'intégrale :

$$\int_0^{\beta} dq \int_{-\infty}^{+\infty} \mathrm{H}\, dz$$

est la limite de l'intégrale :

$$\int_0^{\beta} dq \int_{-l}^{l} \mathrm{H}\, dz$$

quand l croît indéfiniment.

En portant dans l'intégrale (1) la valeur de :

$$\int_0^\beta \mathrm{I}\,dq$$

tirée de l'équation (2), et faisant ensuite croître l indéfiniment, on voit que l'intégrale double primitive se réduit à :

$$(3)\qquad \int_{-\infty}^{+\infty} \frac{f(z)}{\pi} \frac{\sin \beta\,(x-z)}{x-z}\,dz$$

et dans cette intégrale nous devons faire croître β indéfiniment.

On voit que nous retombons sur l'intégrale de Dirichlet. Divisons le champ d'intégration en deux :

$$\int_{-\infty}^{+\infty} = \int_{-\infty}^{x} + \int_{x}^{\infty}.$$

Dans la première intégrale faisons :

$$z = x - y$$

et dans la seconde :

$$z = (x + y).$$

L'intégrale devient :

$$\int_0^\infty \frac{f(x+y)}{\pi} \frac{\sin \beta y}{y}\,dy - \int_\infty^0 \frac{f(x-y)}{\pi} \frac{\sin \beta y}{y}\,dy.$$

Ce qui peut s'écrire :

$$(4)\qquad \int_0^\infty \frac{f(x+y) + f(x-y)}{\pi} \frac{\sin \beta y}{y}\,dy$$

Or, on sait que, si a est une quantité positive finie ou infinie :

$$\int_0^a \varphi(y) \frac{\sin \beta y}{y} dy$$

a pour limite, quand β croît indéfiniment :

$$\frac{\pi}{2} \varphi(\varepsilon)$$

En appliquant ce résultat à l'intégrale précédente (4), on a :

$$\int_0^\infty dq \int_{-\infty}^\infty \frac{f(z)}{\pi} \cos q (x - z) dz = \frac{f(x+\varepsilon) + f(x-\varepsilon)}{2}$$

Et, dans le cas où $f(x)$ est continue :

$$\int_0^\infty dq \int_{-\infty}^\infty \frac{f(z)}{\pi} \cos q (x - z) dz = f(x).$$

62. Toutefois, il reste à montrer que l'intégrale

$$\int_0^\beta dq \int_{-\infty}^\infty \mathrm{H} dz$$

est égale à la limite de :

$$\int_0^\beta dq \int_{-l} \mathrm{H} dz$$

quand il croît indéfiniment, ce que nous avons provisoirement admis.

Ceci ne présenterait pas de difficulté, si la limite inférieure, au lieu d'être zéro, était une quantité positive α.

Considérons, en effet, la différence :

$$(5)\quad \int_\alpha^\beta dq \int_{-\infty}^{\infty} \mathrm{H} dz - \int_\alpha^\beta dq \int_{-l}^{l} \mathrm{H} dz = \int_\alpha^\beta dq \int_l^{\infty} \mathrm{H} dz + \int_\alpha^\beta dq \int_{-\infty}^{-l} \mathrm{H} dz$$

Je dis qu'elle tend vers 0 quand l croît indéfiniment.

On a vu que :

$$\left| \int_l^{\infty} f(z) \cos q (x - z)\, dz \right| < \frac{\pi}{q} [f_1(l) + f_2(l) - 2\varphi]$$

Soit :

$$\omega(l) = f_1(l) + f_2(l) - 2\varphi.$$

On sait que ω tend vers 0, quand l croît indefiniment.

On conclut de l'inégalité précédente :

$$\left| \int_l^{\infty} \mathrm{H} dz \right| < \frac{\omega}{q}$$

et, comme l'on a :

$$q > \alpha$$

il en résulte :

$$\left| \int_l^{\infty} \mathrm{H} dz \right| < \frac{\omega}{\alpha}.$$

On a donc :

$$\left| \int_\alpha^\beta dq \int_\alpha^{\infty} \mathrm{H} dz \right| < \frac{\omega}{\alpha} (\beta - \alpha).$$

On aura un résultat analogue pour l'intégrale :

$$\int_\alpha^\beta dq \int_{-\infty}^{-l} \mathrm{H} dz$$

Donc, comme ω tend vers zéro, on voit que la différence (5) tend vers zéro quand l augmente indéfiniment.

On a donc :

$$\int_{\alpha}^{\beta} dq \int_{-\infty}^{+\infty} \mathrm{H} dz = \lim (\text{pour } l = \infty) \int_{\alpha}^{\beta} dq \int_{-l}^{+l} \mathrm{H} dz$$
$$= \lim \int_{-l}^{+l} dz \int_{\alpha}^{\beta} \mathrm{H} dq = \int_{-\infty}^{+\infty} dz \int_{\alpha}^{\beta} \mathrm{H} dq.$$

Nous sommes donc amenés à considérer l'intégrale :

$$\int_{-\infty}^{+\infty} dz \int_{\alpha}^{\beta} \mathrm{H} dq$$

et, pour démontrer la formule de Fourier, il suffit d'établir que cette intégrale tend vers $f(x)$, quand α tend vers 0 et β vers l'infini.

En effectuant la première intégration on obtient :

$$\int_{-\infty}^{\infty} \frac{f(z)}{\pi} \frac{\sin \beta (x - z)}{x - z} dz - \int_{-\infty}^{\infty} \frac{f(z)}{\pi} \frac{\sin \alpha (x - z)}{x - z} dz.$$

Nous avons déjà trouvé la valeur de la première intégrale, et tout revient à démontrer que la seconde tend vers zéro en même temps que α.

En suivant la même marche que précédemment, on transforme la seconde intégrale en la suivante :

$$\int_{0}^{\infty} \frac{f(x + y) + f(x - y)}{\pi} \frac{\sin \alpha y}{y} dy.$$

Or :

$$\frac{f(x + y) + f(x - y)}{\pi}$$

satisfait à la condition de Dirichlet. On peut donc écrire :

$$\frac{f(x + y) + f(x - y)}{\pi} = \varphi_1(y) - \varphi_2(y),$$

φ_1 et φ_2 étant deux fonctions positives décroissantes et tendant vers zéro.

Montrons, par exemple, que :

$$\int_0^\infty \varphi_1(y) \frac{\sin \alpha y}{y} dy$$

tend vers zéro avec α.

On a, en effet :

$$\int_0^\infty \varphi_1(y) \frac{\sin \alpha y}{y} dy < \int_0^{\frac{\pi}{\alpha}} \varphi_1(y) \frac{\sin \alpha y}{y} dy$$

et en posant :

$$\alpha y = u,$$

la dernière intégrale devient :

$$\int_0^\pi \varphi_1\left(\frac{u}{\alpha}\right) \frac{\sin u}{u} du.$$

Quand α tend vers zéro, il en est de même de φ_1. Donc l'intégrale :

$$\int_0^\infty \varphi_1(y) \frac{\sin \alpha y}{y} dy$$

tend vers zéro. Le raisonnement serait le même pour les autres intégrales analogues que l'on a à envisager.

Par conséquent, l'intégrale :

$$\int_{-\infty}^{\infty} \frac{f(z)}{\pi} \sin \frac{\alpha(x - z)\, dz}{x - z}$$

tend vers zéro, en même temps que α. C. Q. F. D.

63. Application. — Soit une fonction $f(x)$ telle que :

$$f(x) = e^{-x} \qquad \text{si } x > 0$$
$$f(x) = e^{x} \qquad \text{si } x < 0$$

$f(x)$ est alors une fonction paire.

Donc :

$$\psi(q) = 0$$

et:

$$\varphi(q) = 2\int_0^\infty \frac{f(z)\cos qz\,dz}{\pi}$$
$$= 2\int_0^\infty \frac{e^{-z}\cos qz\,dz}{\pi}.$$

On voit que $\varphi(q)$ est la partie réelle de:

$$2\int_0^\infty \frac{e^{-z+iqz}\,dz}{\pi} = \frac{2}{\pi}\frac{1+iq}{1+q^2}.$$

La partie réelle est :

$$\frac{2}{\pi}\frac{1}{1+q^2}.$$

On a donc :

Si $x > 0$: $$\frac{\pi}{2}e^{-x} = \int_0^\infty \frac{\cos qx}{1+q^2}\,dq.$$

Si $x < 0$: $$\frac{\pi}{2}e^{x} = \int_0^\infty \frac{\cos qx}{1+q^2}\,dq.$$

CHAPITRE VII

PROPRIÉTÉS DE L'INTÉGRALE DE FOURIER

64. Nous allons étudier les deux intégrales :

$$\int_0^\infty \varphi(q) \cos qx \, dq$$

$$\int_0^\infty \varphi(q) \sin qx \, dq$$

considérées comme fonctions de x.

Si l'on avait :

$$\varphi(q) = 0$$

lorsque l'on a :

$$q > a$$

la première intégrale, par exemple, se réduirait à :

$$\int_0^a \varphi(q) \cos qx \, dx$$

et l'on voit que c'est une fonction holomorphe de x.

Pour étendre ce résultat, nous allons d'abord étudier l'intégrale :

$$F(x) = \int \varphi(q) e^{iqx} dq.$$

prise le long d'une courbe quelconque de longueur finie dans le plan de la variable q.

Nous allons démontrer que $F(x)$ est une fonction holomorphe de x.

Soit L la longueur du chemin d'intégration, et soit ρ le rayon d'un cercle ayant pour centre l'origine et comprenant la courbe à son intérieur.

Nous supposons $\varphi(q)$ quelconque, mais finie, c'est-à-dire que l'on a :

$$|\varphi(q)| < M.$$

On a :

$$e^{iqx} = \sum \frac{(iq)^n}{n!} x^n.$$

On en déduit :

$$F(x) = \sum A_n x^n$$

en posant :

$$A_n = \int_L \varphi(q) \frac{(iq)^n}{n!} dq.$$

On voit immédiatement que :

$$|A_n| < \frac{ML\rho^n}{n!}.$$

Donc les termes de la série $F(x)$ ont des modules inférieurs aux termes de la série qui représente le développement de :

$$MLe^{\rho x}.$$

Donc la fonction $F(x)$ est holomorphe dans tout le plan.

65. Considérons, en second lieu, l'intégrale :

$$F_1(x) = \int_0^\alpha \varphi(q)\, e^{-qx}\, dq$$

dans laquelle nous supposerons $x > o$.

Je dis que cette fonction $F_1(x)$ sera holomorphe dans une région comprenant la partie positive de l'axe des quantités réelles.

Remplaçons x par $x + h$.

On a :

$$e^{-q(x+h)} = e^{-qx} \sum \frac{(-q)^n h^n}{n!}.$$

Donc :

$$F_1(x + h) = \sum A_n h^n$$

en posant :

$$A_n = \int_0^\infty \varphi(q)\, e^{-qx} \frac{(-q)^n}{n!}\, dq.$$

Il s'agit de démontrer que la série $\Sigma A_n h^n$ est convergente si h est assez petit.

Comme on a supposé x positif, on peut trouver un nombre positif y tel que :

$$o < y < x.$$

Or, on a :

$$e^{qy} = \sum \frac{q^n y^n}{n!}$$

d'où l'on déduit, tous les termes de cette série étant positifs :

$$\frac{q^n}{n!} < \frac{e^{qy}}{y^n}$$

On a donc :

$$| A_n | < \int_0^\infty M e^{-qx} \frac{e^{qy}}{y^n} dq$$

ou bien :

$$| A_n | < \frac{M}{y^n} \frac{1}{(x-y)}$$

On voit donc que les coefficients des puissances de h dans le développement de $F_1(x+h)$ ont des modules inférieurs aux termes de la série :

$$\sum \frac{M}{x-y} \frac{1}{y^n}$$

Donc la série $F_1(x+h)$ est convergente si l'on a :

$$| h | < y.$$

66. Nous allons appliquer les résultats précédents à l'étude de l'intégrale :

$$\int_0^\infty \varphi(q) e^{iqx} dq$$

en supposant x positif et en supposant aussi que $\varphi(q)$ s'annule lorsque q croît indéfiniment, c'est-à-dire que l'on a, lorsque q est suffisamment grand :

$$\varphi(q) = \frac{A_1}{q} + \frac{A_2}{q^2} + \cdots$$

La fonction $\varphi(q)$ pourra avoir à distance finie un certain nombre de singularités. Soit L un contour passant par l'origine, situé tout entier dans le premier quadrant et entourant tous les points singuliers situés dans ce quadrant.

Soit C un cercle ayant pour centre l'origine et contenant le contour L à son intérieur.

Prenons l'intégrale :

$$\int e^{iqx}\,\varphi(q)\,dq$$

le long du contour X, C, Y, L.

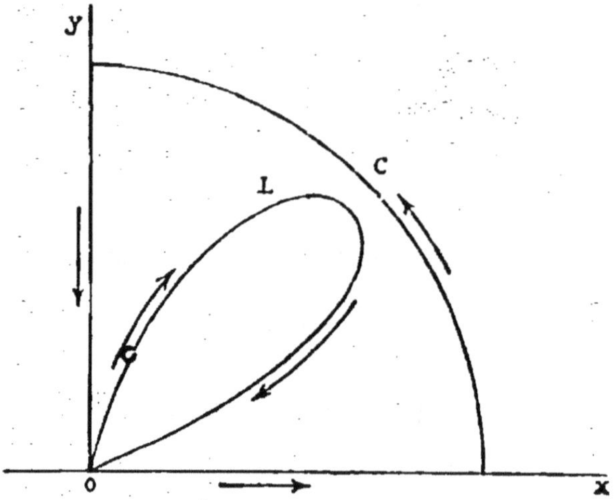

Fig. 17.

Cette intégrale est nulle, car le contour considéré ne contient aucun point singulier à son intérieur. Donc on a :

$$\int_X + \int_C + \int_Y + \int_L = 0$$

Quand on fait croître indéfiniment le rayon du cercle C, $\int_C$ tend vers zéro.

Dans l'intégrale $\int$ faisons :

$$q = i\beta$$

on aura :

$$\int_{Y} = \int_{+\infty}^{0} \varphi(i\beta)\, e^{-\beta x}\, i d\beta = -i \int_{0}^{\infty} \varphi(i\beta)\, e^{-\beta x}\, d\beta$$

et, d'après ce que l'on a vu plus haut, cette intégrale est une fonction holomorphe de x.

$\int_{L}$ est égale à la somme des résidus (à un facteur près) correspondant aux pôles contenus dans le contour L.

Donc $\int_{L}$ est une fonction holomorphe de x.

Il résulte de cette analyse que :

$$\int_{X} = \int_{0}^{\infty} \varphi(q) .\, e^{iqx}\, dq$$

est une fonction holomorphe de x, quand x est positif.

La partie réelle et la partie imaginaire de cette fonction sont donc des fonctions holomorphes ; ces deux fonctions sont :

$$\int_{0}^{\infty} \varphi(q) \cos qx\, dq$$

$$\int_{0}^{\infty} \varphi(q) \sin qx\, dq.$$

Quand on change x en $-x$, ces fonctions conservent les mêmes valeurs absolues.

Ce sont donc encore des fonctions holomorphes de x.

C'est donc seulement pour $x = o$ qu'elles cessent d'être holomorphes.

67. On peut donner de ce fait une autre démonstration qui a l'avantage d'être applicable à la série de Fourier.

Considérons la série :

$$\sum \varphi(n)\, e^{inx}$$

où l'on a :

$$\varphi(n) = \frac{A_1}{n} + \frac{A_2}{n^2} + \cdots$$

pour des valeurs suffisamment grandes de n. On sait que cette série représente une fonction holomorphe de x, sauf pour :

$$x = 2k\pi.$$

Il existe des quantités a et M telles que :

$$| A_p | < Ma^p$$

puisque $\varphi(x)$ est convergente ; et, dans ces conditions, elle sera convergente pour :

$$n > a.$$

En supposant q entier tel que :

$$q > a$$

on pourra écrire :

$$\sum \varphi(n)\, e^{inx} = \varphi(o) + \ldots + \varphi(q-1)\, e^{(q-1)ix} + \varphi(q)\, e^{iqx} + \ldots$$

Les q premiers termes du développement sont toujours des fonctions holomorphes de x ; il suffit donc d'établir le théorème pour :

$$\sum_{n=q}^{n=\infty} \varphi(n)\, e^{inx}.$$

On a :

$$\int_0^\infty e^{-nz}\,dz = \frac{1}{n}$$

et en différentiant $(p-1)$ fois par rapport à n :

$$\int_0^\infty e^{-nz} z^{p-1}\,dz = \frac{(p-1)!}{n^p}$$

et :

$$\varphi(n) = \sum \frac{A_p}{n^p}$$

$$= \int_0^\infty e^{-nz}\,\psi(z)\,dz$$

en posant :

$$\psi(z) = \sum \frac{A_p z^{p-1}}{(p-1)!}$$

et on a évidemment :

$$|\,\psi(z)\,| < \mathrm{M} \sum \frac{a^p z^{p-1}}{(p-1)!} = \mathrm{M}a\, e^{az}.$$

Cherchons maintenant :

$$\sum_q^\infty \varphi(n)\, e^{inx}.$$

Cette quantité est égale à :

$$\int_0^\infty \psi(z)\,dz\,[e^{q(-z+ix)} + e^{(q+1)(-z+ix)} + \ldots]$$

ou bien :

$$\int_0^\infty \psi(z)\,dz\,\frac{e^{q(-z+ix)}}{1-e^{-z+ix}}.$$

68. Pour montrer directement que cette fonction est holomorphe par rapport à x, nous considérerons d'une façon plus générale l'intégrale :

$$\Phi(x) = \int_0^\infty F(z, x)\, dz$$

F étant une fonction holomorphe par rapport à x.

On aura :

$$\Phi(x+h) = \int_0^\infty F(z, x+h)\, dz$$

et :

$$F(x+h) = \sum A_n h^n$$

F étant holomorphe en x, cette série sera convergente pour :

$$|h| < \rho.$$

Soit M le module maximum de F à l'intérieur du cercle de rayon ρ.

Nous allons démontrer que si :

$$\int_0^\infty M dz$$

a une valeur finie, Φ est une fonction holomorphe de x.

En effet, on a :

$$|A_n| < \frac{M}{\rho^n}$$

et l'on a :

$$\Phi(x+h) = \sum B_n h^n$$

en posant :

$$B_n = \int_0^\infty A_n dz$$

Donc :

$$|B_n| < \frac{1}{\rho^n}\int_0^\infty M dz$$

et les termes de la série $\Phi(x+h)$ ont leurs modules inférieurs à ceux de la série :

$$\sum \left(\frac{h}{\rho}\right)^n \int_0^\infty M dz$$

qui est évidemment convergente si :

$$\int_0^\infty M dz$$

a une valeur finie.

69. Appliquons ces résultats à la fonction :

$$\sum_q^\infty \varphi(n)\, e^{inx}$$

que nous avons mise sous la forme :

$$\int_0^\infty \psi(z)\, dz\, \frac{e^{q(-z+ix)}}{1-e^{-z+ix}}$$

Nous avons à examiner le terme :

$$\frac{e^{q(-z+ix)}}{1-e^{-z+ix}}$$

Changeons x en $x+h$, on a :

$$\frac{e^{-qz}\, e^{iq(x-h)}}{1-e^{-z}\, e^{i(x+h)}}$$

Si x est différent de $2k\pi$, on peut prendre h assez petit pour que le dénominateur ne s'annule pas.

Donc :

$$\left| \frac{e^{iq(x+h)}}{1 - e^{-\alpha} e^{i(x+h)}} \right| < \mu.$$

Le maximum du module de la fonction à intégrer est donc, si $|h| < \rho$:

$$Mae^{a\alpha} e^{-q\alpha} \mu.$$

Tout revient à montrer que :

$$\int_0^\infty Mae^{(a-q)\alpha} d\alpha$$

a une valeur finie; cela résulte de ce que :

$$a < q.$$

70. Revenons à l'intégrale de Fourier et considérons :

$$\int_0^\infty \varphi(q) \cos qx \, dq$$

où l'on suppose que, pour q suffisamment grand, $\varphi(q)$ est développable suivant les puissances de $\frac{1}{q}$:

$$\varphi(q) = \frac{A_1}{q} + \frac{A_2}{q^2} + \dots$$

D'après ce qu'on vient de voir, l'intégrale sera une fonction continue de x, sauf pour $x = 0$.

Que se passera-t-il pour $x = 0$? Nous allons démontrer que si :

$$|\varphi(q)| < \frac{k}{q^2}$$

l'intégrale est une fonction continue, même pour $x = 0$.

Pour cela, nous allons faire voir que l'on peut prendre une quantité h assez petite pour que:

$$\left|\int_0^\infty \varphi(q)\,[\cos q\,(x+h) - \cos qx]\,dq\right| < \varepsilon$$

On peut décomposer l'intégrale en deux autres :

$$\int_0^\infty = \int_0^p + \int_p^\infty$$

La première intégrale est une fonction holomorphe dans tout le plan.

L'élément de la seconde intégrale est inférieur à :

$$\frac{2k}{q^2}\,dq$$

Donc on a :

$$\left|\int_p^\infty\right| < \int_p^\infty \frac{2k}{q^2}\,dq = \frac{2k}{p}$$

et nous pourrons prendre p assez grand pour que l'on ait :

$$\frac{2k}{p} < \frac{\varepsilon}{2}$$

Cela fait, on pourra prendre h assez petit pour que la première intégrale soit aussi inférieure à $\frac{\varepsilon}{2}$.

Supposons maintenant que la série contienne un terme en $\frac{1}{q}$:

$$\varphi(q) = \frac{A_1}{q} + \frac{A_2}{q^2} + \cdots$$

On a :

$$\int_0^\infty \varphi(q)\sin qx\,dq = \int_0^\infty \frac{A_1 \sin qx\,dq}{q} + \int_0^\infty \sin qx\left[\frac{A_2}{q^2} + \cdots\right]dq$$

La seconde intégrale du second membre est une fonction continue, quel que soit x.

La première est égale à :

$$\frac{\pi}{2}A_1 \quad \text{pour} \quad x > 0$$

ou :

$$-\frac{\pi}{2}A_1 \quad \text{pour} \quad x < 0$$

et elle est discontinue pour $x = 0$.

On verrait de même que la fonction :

$$\int_0^\infty \frac{\cos qx}{\sqrt{1+q^2}}\,dq$$

devient infinie pour $x = 0$.

La condition nécessaire et suffisante pour que la dérivée soit également continue pour toute valeur de x est que le développement de $\varphi(q)$ commence par un terme en $\frac{1}{q^3}$.

Si l'on avait :

$$\varphi(q) = \lambda\cos q\varphi + \mu\sin q\varphi + \lambda'\cos q\varphi' + \mu'\sin q\varphi' + \ldots$$

il ne pourrait y avoir discontinuité que pour :

$$x = \pm\varphi, \qquad x = \pm\varphi' \ldots$$

Tous ces théorèmes sont analogues à ceux que nous avons rencontrés dans l'étude de la série de Fourier.

71. Nous avons vu que $f(x)$ peut se représenter par l'intégrale de Fourier :

$$f(x) = \int_0^\infty [\varphi(q) \cos qx + \psi(q) \sin qx] \, dq$$

dans laquelle :

$$\varphi(q) = \int_{-\infty}^{+\infty} \frac{f(z) \cos qz}{\pi} \, dz$$

$$\psi(q) = \int_{-\infty}^{+\infty} \frac{f(z) \sin qz}{\pi} \, dz.$$

Or, on a, en remplaçant $\cos qx$ par des exponentielles :

$$\int_0^\infty \varphi(q) \cos qx \, dq = \frac{1}{2} \int_0^\infty \varphi(q) \, e^{iqx} \, dq + \frac{1}{2} \int_0^\infty \varphi(q) \, e^{-iqx} \, dq$$

En changeant dans la seconde intégrale x en $-x$, elle devient :

$$\int_{-\infty}^0 \varphi(q) \, e^{iqx} \, dq$$

et l'on voit alors que :

$$\int_0^\infty \varphi(q) \cos qx \, dq = \frac{1}{2} \int_{-\infty}^\infty \varphi(q) \, e^{iqx} \, dq$$

On verra de même que :

$$\int_0^\infty \psi(q) \sin qx \, dq = \frac{1}{2i} \int_{-\infty}^\infty \psi(q) \, e^{iqx} \, dq.$$

Si donc on pose :

$$\theta(q) = \frac{\varphi(q)}{2} + \frac{\psi(q)}{2i}$$

on aura :

$$f(x) = \int_{-\infty}^{\infty} \theta(q)\, e^{iqx}\, dq$$

avec :

$$\theta(q) = \int_{-\infty}^{+\infty} \frac{f(z)}{2\pi} [\cos qz - i \sin qz]\, dz$$

$$= \int_{-\infty}^{\infty} \frac{f(z)}{2\pi} e^{-iqz}\, dz.$$

De cette manière, la réciprocité des fonctions f et θ apparaît nettemem.

CHAPITRE VIII

ÉQUATIONS LINÉAIRES ANALOGUES A CELLES DE LA CHALEUR

72. La méthode que nous avons employée pour intégrer l'équation :

$$\frac{dU}{dt} = \frac{d^2U}{dx^2}$$

peut être étendue à d'autres équations linéaires, telles que : l'équation des cordes vibrantes :

$$\frac{d^2U}{dt^2} = \frac{d^2U}{dx^2}$$

et l'équation des télégraphistes:

$$\frac{d^2V}{dt^2} + 2\frac{dV}{dt} = \frac{d^2V}{dx^2}$$

que l'on peut transformer en posant :

$$V = Ue^{-t}$$

on obtient alors :

$$\frac{d^2U}{dt^2} = \frac{d^2U}{dx^2} + U.$$

On peut toujours considérer les équations ci-dessus sous ces formes simples, en supposant qu'on ait fait disparaître les coefficients numériques par un changement d'unités.

Dans les trois problèmes, nous nous donnons la valeur de U en fonction de x pour $t = o$

Cette condition suffira pour la première équation, mais il n'en sera pas de même pour les deux autres ; pour ces dernières, il faudra se donner aussi la valeur de $\frac{dU}{dt}$ en fonction de x pour $t = o$.

La raison de cette différence est que les deux dernières équations sont du second ordre par rapport à t ; nous reviendrons, d'ailleurs, sur ce point dans la suite.

Nous allons appliquer une méthode uniforme pour l'intégration des trois équations.

73. Équation du mouvement de la chaleur.

$$\frac{dU}{dt} = \frac{d^2U}{dx^2}$$

Nous allons chercher à satisfaire à cette équation par une fonction de la forme :

$$U = \int_{-\infty}^{\infty} \varphi(q, t)\, e^{iqx}\, dq.$$

On aura, dans ces conditions :

$$\frac{dU}{dt} = \int_{-\infty}^{\infty} \frac{d\varphi}{dt}\, e^{iqx}\, dq$$

et:

$$\frac{d^2U}{dx^2} = \int_{-\infty}^{\infty} q^2\varphi\, e^{iqx}\, dq$$

U satisfera à l'équation proposée, si l'on a:

$$\frac{d\varphi}{dt} = -q^2\varphi$$

c'est-à-dire:

$$\varphi = \alpha.\, e^{-q^2 t}$$

α étant une certaine fonction de q.

On obtient alors:

$$U = \int_{-\infty}^{\infty} \alpha e^{-q^2 t}\, e^{iqx}\, dq.$$

Il faut que, pour $t = 0$, U se réduise à la valeur initiale donnée. On peut supposer cette valeur initiale mise sous forme d'intégrale de Fourier :

$$\int_{-\infty}^{\infty} \theta(q)\, e^{iqx}\, dq.$$

Donc U satisfera à toutes les conditions du problème si l'on a :

$$U = \int_{-\infty}^{\infty} \theta(q)\, e^{-q^2 t}\, e^{iqx}\, dq.$$

74. Équation des cordes vibrantes.

$$\frac{d^2U}{dt^2} = \frac{d^2U}{dx^2}$$

Cherchons, comme précédemment, à satisfaire à l'équation par une fonction de la forme :

$$U = \int_{-\infty}^{\infty} \varphi(q, t)\, e^{iqx}\, dq.$$

On aura :

$$\frac{d^2U}{dt^2} = \int_{-\infty}^{+\infty} \frac{d^2\varphi}{dt^2} e^{iqx}\, dq$$

et :

$$\frac{d^2U}{dx^2} = \int_{-\infty}^{+\infty} - q^2\varphi\, e^{iqx}\, dq.$$

La fonction U satisfera à l'équation différentielle, si l'on a :

$$\frac{d^2\varphi}{dt^2} = -q^2\varphi$$

L'intégrale de cette équation peut se mettre sous deux formes différentes :

$$\varphi = \alpha \cos qt + \beta \sin qt$$

qui donne :

$$U = \int_{-\infty}^{+\infty} (\alpha \cos qt + \beta \sin qt)\, e^{iqx}\, dq$$

ou bien :

$$\varphi = \alpha\, e^{iqt} + \beta e^{-iqt}$$

qui nous donne :

$$U = \int_{-\infty}^{+\infty} \alpha e^{iq(x+t)}\, dq + \int_{-\infty}^{\infty} \beta e^{iq(x-t)}\, dq.$$

De cette manière, on voit que l'intégrale est de la forme :

$$U = F(x+t) + F_1(x-t).$$

Il s'agit maintenant de déterminer U par les conditions initiales.

Prenons la première forme trouvée pour U. Supposons que les valeurs initiales de U, $\frac{dU}{dt}$ pour $t = 0$, soient développées en intégrales de Fourier :

$$U_0 = \int_{-\infty}^{\infty} \theta e^{iqx}\, dq$$

$$\left(\frac{dU}{dt}\right)_0 = \int_{-\infty}^{\infty} \theta_1 e^{iqx}\, dq.$$

En faisant $t = 0$ dans les expressions de U et de $\frac{dU}{dt}$, et en identifiant avec les valeurs précédentes, on trouve :

$$\alpha = \theta$$

$$\beta = \frac{\theta_1}{q}.$$

La solution du problème est donc :

$$U = \int_{-\infty}^{\infty} \left[\theta(q) \cos qt + \frac{\theta_1(q)}{q} \sin qt \right] e^{iqx}\, dq.$$

75. Équation des télégraphistes. — Nous avons vu que cette équation :

$$\frac{d^2V}{dt} + 2\frac{dV}{dt} = \frac{d^2V}{dx^2}$$

peut se ramener par le changement :

$$V = Ue^{-t}$$

à la forme :

$$\frac{d^2U}{dt^2} = \frac{d^2U}{dx^2} + U.$$

Comme précédemment, nous nous donnons les conditions

initiales sous forme d'intégrales de Fourier :

$$U_0 = f(x) = \int_{-\infty}^{\infty} \theta(q)\, e^{iqx}\, dq$$

$$\left(\frac{dU}{dt}\right)_0 = f_1(x) = \int_{-\infty}^{\infty} \theta_1(q)\, e^{iqx}\, dq.$$

Cherchons encore à satisfaire à l'équation par une fonction de la forme :

$$U = \int_{-\infty}^{\infty} \varphi(q,t)\, e^{iqx}\, dq.$$

On a, comme précédemment :

$$\frac{d^2U}{dt^2} = \int_{-\infty}^{\infty} \frac{d^2\varphi}{dt^2}\, e^{iqx}\, dq$$

$$\frac{d^2U}{dx^2} = \int_{-\infty}^{\infty} -\, q^2 \varphi e^{iqx}\, dq.$$

Il vient, en identifiant :

$$\frac{d^2\varphi}{dt^2} + (q^2 - 1)\,\varphi = 0.$$

D'où :

$$\varphi = \gamma \cos t\sqrt{q^2 - 1} + \delta \sin t\sqrt{q^2 - 1}$$

γ et δ étant des fonctions de q qu'il s'agit de déterminer.

Pour que U se réduise à U_0 pour $t = 0$, il faut que :

$$\gamma = \theta.$$

Considérons $\frac{dU}{dt}$;

$$\frac{dU}{dt} = \int_{-\infty}^{\infty} \left[-\gamma\sqrt{q^2-1}\sin t\sqrt{q^2-1} + \delta\sqrt{q^2-1}\cos t\sqrt{q^2-1}\right] e^{iqx}\, dq.$$

Pour que ceci se réduise à $\left(\frac{dU}{dt}\right)_0$ il faut que :

$$\delta \sqrt{q^2 - 1} = \theta_1.$$

Ainsi donc :

$$U = \int_{-\infty}^{\infty} \left[\theta \cos t \sqrt{q^2 - 1} + \frac{\theta_1 \sin t \sqrt{q^2 - 1}}{\sqrt{q^2 - 1}}\right] e^{iqx}\, dq$$

est la solution du problème.

En remplaçant les cosinus et sinus par des exponentielles, on a :

$$U = \int_{-\infty}^{+\infty} \left[\alpha e^{i(qx + t\sqrt{q^2 - 1})} + \beta e^{i(qx - t\sqrt{q^2 - 1})}\right] dq$$

en posant :

$$\alpha = \frac{\theta}{2} + \frac{\beta_1}{2i\sqrt{q^2 - 1}}$$

$$\beta = \frac{\theta}{2} - \frac{\theta_1}{2i\sqrt{q^2 - 1}}.$$

Dans l'expression de la fonction U figurent les fonctions :

$$\cos t \sqrt{q^2 - 1}$$

et :

$$\frac{\sin t \sqrt{q^2 - 1}}{\sqrt{q^2 - 1}}.$$

On peut se demander si ce sont des fonctions uniformes de q. Cela a lieu, en effet, car elles ne changent pas si on change le signe du radical.

76. Discussion. — Nous allons nous donner comme premier exemple les conditions initiales suivantes :

$f(x)$ et $f_1(x)$ seront nulles pour :

$$x < b \qquad \text{ou} \qquad x > a$$

en supposant :

$$b < a.$$

Dans l'intervalle de b à a, nous supposerons que $f(x)$ et $f_1(x)$ sont égales, par exemple, à des polynômes entiers en x.

On a dans ces conditions :

$$\theta = \int_b^a \frac{f(z)\, e^{-iqz}}{2\pi}\, dz$$

$$\theta_1 = \int_b^a \frac{f_1(z)\, e^{-iqz}}{2\pi}\, dz.$$

Cherchons l'intégrale :

$$\int_b^a z^p e^{-iqz}\, dz.$$

Considérons pour cela :

$$\int_b^a e^{-iqz}\, dz = -\frac{e^{-iqa} - e^{-iqb}}{iq}.$$

Différentions p fois par rapport à q.

On obtient :

$$(-1)^p \int_b^a z^p e^{-iqz}\, dz = e^{-iqa} \mathrm{P}\left(\frac{1}{q}\right) + e^{-iqb} \mathrm{P}_1\left(\frac{1}{q}\right)$$

$\mathrm{P}\left(\frac{1}{q}\right)$ et $\mathrm{P}_1\left(\frac{1}{q}\right)$ étant des polynômes en $\frac{1}{q}$.

Par conséquent, θ qui est une somme de termes semblables à celui que nous venons de considérer, aura la même forme; et il en sera de même pour θ_1.

77. En se reportant à la définition des fonctions α et β trouvées plus haut, on aura :

$$\alpha = \alpha' e^{-iqa} + \alpha'' e^{-iqb}$$
$$\beta = \beta' e^{-iqa} + \beta'' e^{-iqb},$$

α', α'', β', β'' étant développables suivant les puissances de $\frac{1}{q}$.

On peut toujours écrire:

$$e^{it\sqrt{q^2-1}} = e^{iqt}\psi(q, t)$$
$$e^{-it\sqrt{q^2-1}} = e^{-iqt}\psi_1(q, t)$$

On a, d'ailleurs :

$$\psi_1(q, t) = \psi(q, -t).$$

D'autre part :

$$\sqrt{q^2-1} = q\left(1 - \frac{1}{q^2}\right)^{\frac{1}{2}}$$

et pour q suffisamment grand, le second membre est développable suivant les puissances de $\frac{1}{q}$; il en sera donc de même de $\psi(q, t)$ et de $\psi_1(q, t)$.

L'intégrale U peut se décomposer en quatre autres de la façon suivante :

$$\mathrm{U} = \int \alpha'\psi e^{iq(x-a+t)}\,dq + \int \alpha''\psi e^{iq(x-b+t)}\,dq$$
$$+ \int \beta'\psi_1\, e^{iq(x-a-t)}\,dq + \int \beta''\psi_1\, e^{iq(x-b-t)}\,dq.$$

Chacune de ces intégrales est du type de celles que nous avons examinées à la fin du chapitre précédent.

U est donc une fonction holomorphe de x et de t, sauf pour les valeurs suivantes de x :

$$b - t, \quad a - t, \quad b + t, \quad a + t.$$

Nous allons démontrer que pour :

$$x > a + t \quad \text{ou} \quad x < b - t$$

on a :

$$U = 0.$$

Soit par exemple :

$$x > a + t$$

Pour le point considéré, au temps $t = 0$ on avait :

$$x > a$$

Donc on avait par hypothèse :

$$U = 0, \quad \frac{dU}{dt} = 0$$

et ceci avait également lieu pour les points infiniment voisins.

On peut donc différentier deux fois par rapport à x, ce qui donne :

$$\frac{d^2U}{dx^2} = 0$$

$$\frac{d^3U}{dt.\, dx^2} = 0$$

Or, on a :

$$\frac{d^2U}{dt^2} = \frac{d^2U}{dx^2} + U$$

d'où :

$$\frac{d^3U}{dt^3} = \frac{d^3U}{dt.\, dx^2} + \frac{dU}{dt}$$

Donc, d'après ce que l'on vient de voir, les dérivées $\frac{d^2U}{dt^2}$, $\frac{d^3U}{dt^3}$ sont nulles pour $t = 0$; et on prouvera de même que les dérivées d'ordre supérieur s'annulent également pour $t = 0$.

Par conséquent, la fonction U, qui est holomorphe et qui s'annule avec toutes ses dérivées pour $t = 0$, est identiquement nulle.

On voit ainsi que les quatre discontinuités se propagent avec une vitesse constante.

On peut remarquer que les choses se passent tout autrement que dans le cas de la propagation de la chaleur. On a vu, en effet, que dans ce cas la fonction U est holomorphe en x pour toutes les valeurs positives de t, et qu'elle cesse de l'être pour $t = 0$.

78. Nous avons vu que la solution de l'équation des cordes vibrantes peut se mettre sous la forme :

$$U = F(x + t) + F_1(x - t)$$

D'où :

$$\frac{dU}{dt} = F'(x + t) - F'_1(x - t)$$

Donnons-nous les conditions initiales de la façon suivante:

Pour :

$$x > a \quad \text{ou} \quad x < b \quad \text{et} \quad t = 0$$

on aura :

$$U = 0, \qquad \frac{dU}{dt} = 0$$

Dans ces conditions, nous allons montrer que pour :

$$x > a + t \quad \text{ou} \quad x < b - t$$

on a :

$$U = o$$

En effet, on a pour :

$$t = o \quad \text{et} \quad x > a$$
$$F(x) + F_1(x) = o$$
$$F'(x) - F'_1(x) = o$$

En différentiant la première équation, on obtient :

$$F'(x) + F'_1(x) = o$$

On a donc :

$$F'(x) = o$$
$$F'_1(x) = o$$

et, par suite :

$$\left.\begin{array}{l} F(x) = C \\ F_1(x) = -C \end{array}\right\} \text{pour } x > a$$

On verra de même que l'on a :

$$\left.\begin{array}{l} F(x) = C_1 \\ F_1(x) = -C_1 \end{array}\right\} \text{pour } x < b$$

On en conclut que :

$$U = o$$

pour :

$$x > a + t$$

ou :

$$x < b - t$$

Supposons :

$$t > \frac{a - b}{2}$$

et considérons une valeur de x telle que :

$$a - t < x < b + t.$$

Dans ces conditions, on aura :

$$U = C - C_1$$

Ainsi, dès que l'on a :

$$t > \frac{a - b}{2}$$

U cesse d'être constante dans deux intervalles :

$$\text{de} \quad (b + t) \quad \text{à} \quad (a + t)$$

et :

$$\text{de} \quad (b - t) \quad \text{à} \quad (a - t)$$

79. Revenons au problème des télégraphistes, en faisant une hypothèse particulière.

Nous supposons qu'à l'instant initial on a, pour toutes les valeurs de x :

$$f(x) = 0$$

d'où :

$$\theta = 0$$

et :

$$f_1(x) = 0$$

sauf pour :

$$-\varepsilon < x < \varepsilon$$

et qu'en outre on a pour ces valeurs :

$$f_1(x) = \frac{\pi}{\varepsilon}.$$

On en déduit :

$$\theta_1 = \int_{-\varepsilon}^{\varepsilon} \frac{\pi}{\varepsilon} \cdot \frac{e^{-iqz}}{2\pi}\, dz$$

$$\theta_1 = \frac{1}{2\varepsilon}\left[\frac{e^{-iqz}}{-iq}\right]_{-\varepsilon}^{\varepsilon} = \frac{\sin q\varepsilon}{q\varepsilon}$$

Nous supposerons, d'ailleurs, ε infiniment petit, de telle sorte que l'on aura :

$$\theta_1 = 1.$$

Cela étant, on aura :

$$U = \int_{-\infty}^{\infty} \frac{\sin t\sqrt{q^2-1}}{\sqrt{q^2-1}}\, e^{iqx}\, dq.$$

Ce qui peut s'écrire :

$$U = \int_{-\infty}^{\infty} \frac{e^{i(qx+t\sqrt{q^2-1})}}{2i\sqrt{q^2-1}}\, dq - \int_{-\infty}^{+\infty} \frac{e^{i(qx-t\sqrt{q^2-1})}}{2i\sqrt{q^2-1}}\, dq.$$

Les fonctions placées sous le signe $\int$ dans chacune de ces deux intégrales ne sont pas uniformes.

Considérons la première de ces intégrales.

Pour éviter les deux points singuliers :

$$q = -1 \qquad q = +1$$

nous allons intégrer le long du chemin : ABCDE.

Pour évaluer cette intégrale, nous supposerons d'abord $x + t > 0$, et nous intégrerons le long du contour fermé :

ABCDEMA

EMA étant une demi-circonférence de rayon très grand et ayant pour centre l'origine (*fig.* 18).

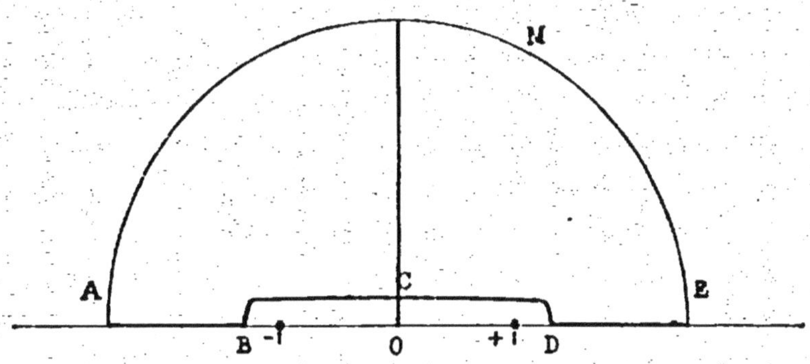

Fig. 18.

Le contour en question ne comprend à son intérieur aucun point singulier; donc l'intégrale totale est nulle.

L'intégrale peut s'écrire :

$$I = \int \frac{e^{iq(x+t)}}{2i\sqrt{q^2-1}} \psi(q, t)\, dq$$

avec :

$$\psi(q, t) = e^{-it(q-\sqrt{q^2-1})}$$

D'après l'hypothèse faite sur $(x+t)$, on voit que l'intégrale I prise le long de la demi-circonférence tend vers zéro, quand le rayon croît indéfiniment. Donc l'intégrale prise le long de ABCDE est nulle.

80. Supposons maintenant :

$$x + t < 0$$

Nous considérons encore le chemin ABCDE, et nous y adjoignons la demi-circonférence EM'A (*fig.* 19).

L'intégrale le long de cette demi-circonférence sera nulle

comme précédemment, mais l'intégrale le long du contour total sera égale à l'intégrale prise le long du contour :

$$\text{OABCDEO} \ (\textit{fig.}\ 20).$$

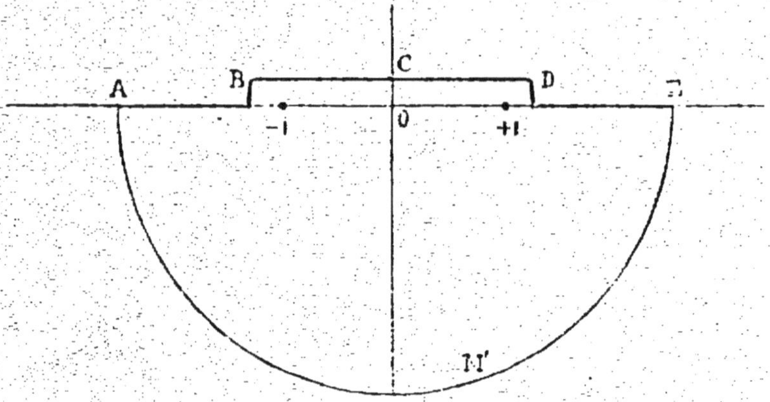

Fig. 19.

On a :

$$e^{i(qx + i\sqrt{q^2-1})} = e^{iqx + i\sqrt{1-q^2}}.$$

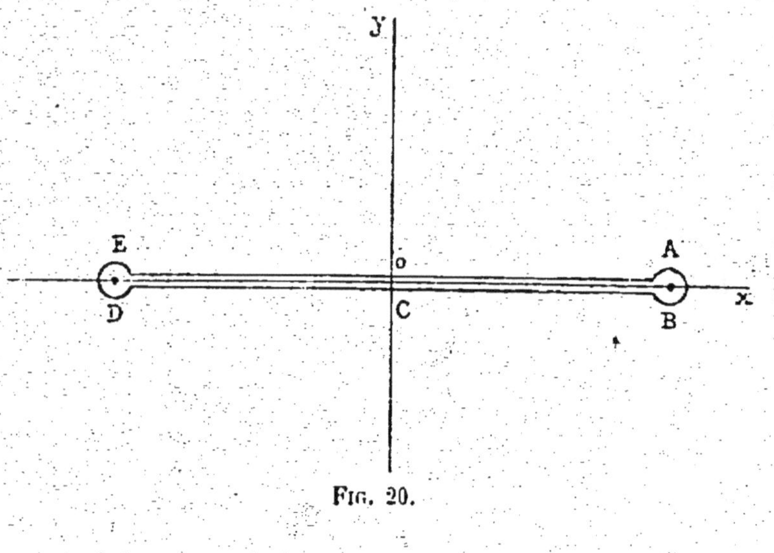

Fig. 20.

Posons alors :

$$q = \sin\varphi.$$

L'intégrale I deviendra :

$$I = \frac{1}{2}\int_0^{2\pi} e^{ix \sin\varphi + t \cos\varphi}\, d\varphi,$$

car on voit aisément que, lorsque q suit le contour désigné, φ varie de 0 à 2π.

Développons l'exponentielle en série :

$$e^{ix \sin\varphi + t\cos\varphi} = \sum \frac{(t \cos\varphi + ix \sin\varphi)^p}{p!}$$

Or, on a :

$$t \cos\varphi + ix \sin\varphi = \frac{t+x}{2} e^{i\varphi} + \frac{t-x}{2} e^{-i\varphi}$$

On a donc :

$$e^{ix \sin\varphi + t\cos\varphi} \sum \frac{[(t+x)\, e^{i\varphi} + (t-x)\, e^{-i\varphi}]^p}{2^p\, p!}$$

L'intégrale considérée se réduit, par suite, à :

$$I = \frac{1}{2}\int_0^{2\pi} \sum \frac{(2n)!}{(n!)^2} (t^2 - x^2)^n \frac{d\varphi}{2^{2n}\,(2n)!}$$

car on a :

$$\int_0^{2\pi} e^{ik\varphi}\, d\varphi = 0$$

lorsque :

$$k \neq 0$$

L'intégrale cherchée a donc pour valeur :

$$I = \pi \sum \frac{(t^2 - n^2)^n}{2^{2n}\,(x!)^2}$$

81. On reconnaît le développement de la fonction de Bessel :

$$I = \pi . J_0 \left(\sqrt{x^2 - t^2}\right)$$

Donc, en résumé, si on a :

$$x + t > 0$$

on a :

$$I = 0$$

et si :

$$x + t < 0$$

on a :

$$I = \pi . J_0 \left(\sqrt{x^2 - t^2}\right)$$

De même, l'intégrale :

$$I_1 = \int_{-\infty}^{+\infty} \frac{e^{i(qx - t\sqrt{q^2-1})}}{2i\sqrt{q^2 - 1}} dq$$

ne différant de la précédente que par le changement de t en $-t$, on voit que si :

$$x - t > 0$$

on a :

$$I_1 = 0$$

et si :

$$x - t < 0$$

on a :

$$I_1 = \pi J_0 \left(\sqrt{x^2 - t^2}\right)$$

Or, nous avons :

$$U = I - I_1$$

Donc nous avons, pour les différentes valeurs de x, les valeurs suivantes de U :

Si :

$$x^2 > t^2$$

on a :

$$U = 0$$

et si :

$$x^2 < t^2$$

$$U = \pi J_0 \left(\sqrt{x^2 - t^2}\right)$$

D'après la définition de J_0, on voit que $J_0(ix)$, où l'on suppose x réel, croît avec la valeur absolue de x.

Le maximum de :

$$J_0 \left(\sqrt{x^2 - t^2}\right)$$

a donc lieu pour $x = 0$, c'est-à-dire au milieu de la partie ébranlée. Pour une valeur donnée de x, J_0 va en augmentant avec t.

On s'en étonnerait si l'on ne se rappelait que le potentiel n'est pas égal à U, mais à :

$$V = Ue^{-t}$$

Or, quand t est très grand, la valeur asymptotique de $J_0(it)$ est :

$$\frac{Ae^t}{\sqrt{t}}$$

A étant une certaine constante numérique.

Donc la valeur asymptotique de V est :

$$\pi \frac{Ae^{\sqrt{t^2 - x^2} - t}}{\sqrt[4]{t^2 - x^2}}$$

ou bien :

$$\frac{\pi A}{\sqrt{t}}.$$

82. Ainsi le potentiel diminue, bien que U croisse, et il diminue comme $\frac{1}{\sqrt{t}}$.

Supposons maintenant :

$$f = 0$$

pour toutes les valeurs de x.

D'où :

$$\theta = 0$$

et :

$$f_1 = 0$$

pour :

$$x > a \qquad \text{ou} \qquad x < b.$$

$f_1(x)$ ayant des valeurs données dans l'intervalle de b à a.

On a dans ce cas :

$$U = \int_{-\infty}^{\infty} \theta_1 \frac{\sin t\sqrt{q^2 - 1}}{\sqrt{q^2 - 1}} e^{iqx}\, dq$$

ou :

$$U = \int\int \frac{f_1(z)}{2\pi} e^{iq(x-z)} \frac{\sin t\sqrt{q^2 - 1}}{\sqrt{q^2 - 1}}\, dq\, dz.$$

On sait qu'on peut intervertir l'ordre des intégrations.

Posons alors :

$$K = \int_{-\infty}^{\infty} e^{iq(x-z)} \frac{\sin t\sqrt{q^2 - 1}}{\sqrt{q^2 - 1}}\, dq$$

et l'on aura alors :

$$U = \int_{-\infty}^{\infty} \frac{f_1(z).\ K}{2\pi}\, dr.$$

D'après ce que l'on a vu tout à l'heure, si :

$$(x - z)^2 > t^2$$

on a :

$$K = o$$

et si :

$$(x - z^2) < t^2$$

on a ;

$$K = \pi J_0 \left(\sqrt{(x - z)^2 - t^2}\right)$$

Ainsi K est nul à moins que l'on n'ait :

$$x - t < z < x + t.$$

Dans l'intégrale U, on pourra donc prendre comme limite supérieure la plus petite des deux quantités :

$$a \quad \text{et} \quad (x + t)$$

et, comme limite inférieure, la plus grande des quantités :

$$b \quad \text{et} \quad (x + t).$$

Supposons :

$$t > \frac{a - b}{2}$$

c'est-à-dire :

$$b + t > a - t$$

Il y aura cinq cas à considérer :

1° Soit :

$$x > a + t.$$

On a :

$$U = o.$$

2° Soit :

$$b + t < x < a + t.$$

On a :

$$U = \int_{x-t}^{a} \frac{f_1(z)}{2} J_0\left(\sqrt{(x-z)^2 - t^2}\right) dz.$$

3° Soit :

$$a - t < x < b + t.$$

On a :

$$U = \int_{b}^{a} \frac{f_1(z)}{2} J_0\left(\sqrt{(x-z)^2 - t^2}\right) dz.$$

4° Soit :

$$b - t < x < a - t.$$

On a :

$$U = \int_{b}^{x+t} \frac{f_1(z)}{2} J_0\left(\sqrt{(x-z)^2 - t^2}\right) dz.$$

5° Enfin, soit :

$$x < b - t.$$

On a :

$$U = o.$$

Supposons maintenant :

$$t < \frac{a-b}{2}.$$

D'où :

$$b + t < a - t.$$

On peut donc prendre x tel que :

$$b + t < x < a - t.$$

Dans ce cas les limites d'intégration sont :

$$(x - t) \qquad \text{et} \qquad (x + t)$$

et l'on a :

$$\mathrm{U} = \int_{x-t}^{x+t} \frac{f_1(z)}{2} \mathrm{J}_0 \, dz.$$

Les autres cas se discutent comme pour :

$$t > \frac{a - b}{2}.$$

83. Considérons maintenant le cas inverse du précédent. Supposons :

$$f_1 = 0$$

pour toutes les valeurs de x, d'où :

$$\theta_1 = 0.$$

Et :

$$f = 0$$

lorsque l'on a :

$$x > a \qquad \text{ou} \qquad x < b.$$

On aura dans ce cas :

$$(1) \qquad \mathrm{U} = \int_{-\infty}^{+\infty} \theta . \cos t \sqrt{q^2 - 1} e^{iqx} \, dq.$$

La solution dans le cas précédent était :

$$(2) \qquad \mathrm{U} = \int_{-\infty}^{\infty} \theta_1 \frac{\sin t \sqrt{q^2 - 1}}{\sqrt{q^2 - 1}} e^{iqx} \, dq.$$

La solution du problème qui nous occupe se déduit de celle-ci, en différentiant la formule (2) par rapport à t et en remplaçant f_1 et θ_1 par f et θ.

Et on aura, suivant les différents cas, en supposant comme précédemment :

$$t > \frac{a-b}{2}.$$

1° Pour : $$x > a + t$$
$$U = 0;$$

2° Pour : $$b + t < x < a + t$$

$$U = \int_{x-t}^{a} \frac{f}{2} \frac{dJ_0}{dt} dz + \frac{f(x-t)}{2}$$

en remarquant que :

$$J_0(0) = 1;$$

3° $$a - t < x < b + t$$

$$U = \int_{b}^{a} \frac{f}{2} \frac{dJ_0}{dt} dz;$$

4° $$b - t < x < a - t$$

$$U = \int_{b}^{x+t} \frac{f}{2} \frac{dJ_0}{dt} dz + \frac{f(x+t)}{2};$$

5° $$x < b - t$$
$$U = 0.$$

Si nous supposions :

$$t < \frac{a-b}{2}$$

on aurait :

$$b + t < a - t.$$

On pourrait donc prendre :

$$b+t<x<a-t$$

et, dans ce cas, les limites d'intégration pour U seraient :

$$(x-t) \qquad \text{et} \qquad (x+t).$$

En remarquant que ces deux limites sont fonctions de t, on a :

$$U=\int_{x-t}^{x+t}\frac{f}{2}\frac{dJ_0}{dt}\,dz+\frac{f(x-t)}{2}+\frac{f(x+t)}{2}$$

et, lorsque t tend vers zéro, on voit que l'on a :

$$U=f(x).$$

Dans le cas plus général où f et f_1 ont des valeurs quelconques dans l'intervalle (b, a), mais sont nulles au dehors de cet intervalle, on obtient la solution générale en ajoutant les deux solutions particulières obtenues dans ce qui précède.

84. Représentation graphique. — On peut représenter graphiquement les résultats des discussions qui précèdent.

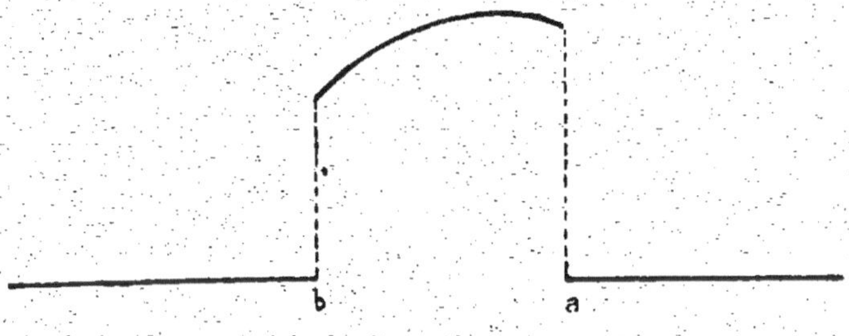

FIG. 21.

Nous représentons l'état initial de la perturbation en portant les x en abcisses et les U en ordonnées, ce qui nous donne la figure 21.

Nous représentons de même par une courbe l'état de la perturbation au temps t, ce qui nous donnera pour la propa-

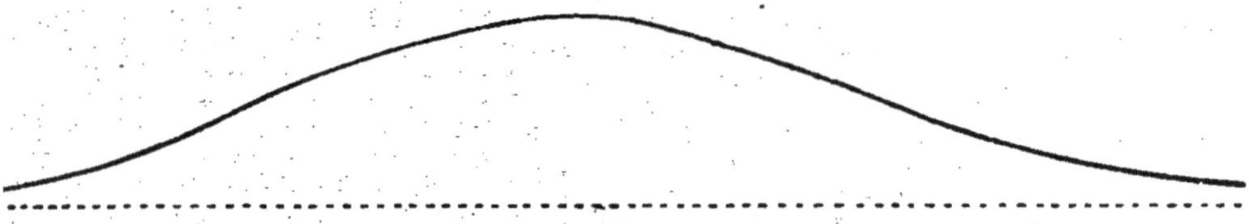

Fig. 22.

gation de la chaleur, du son et de l'électricité les trois figures 22, 23, 24.

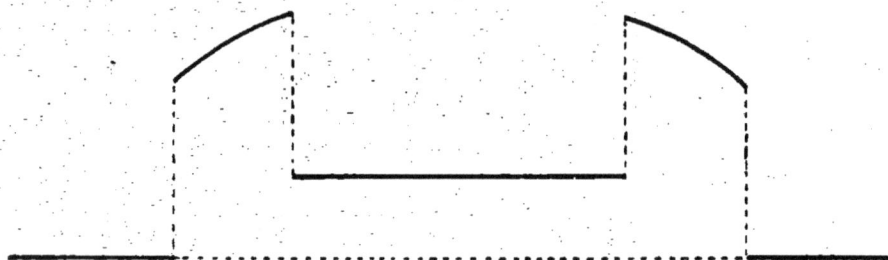

Fig. 23.

Dans le cas de l'électricité, l'existence du résidu a une très grande importance pratique, et peut troubler les résul-

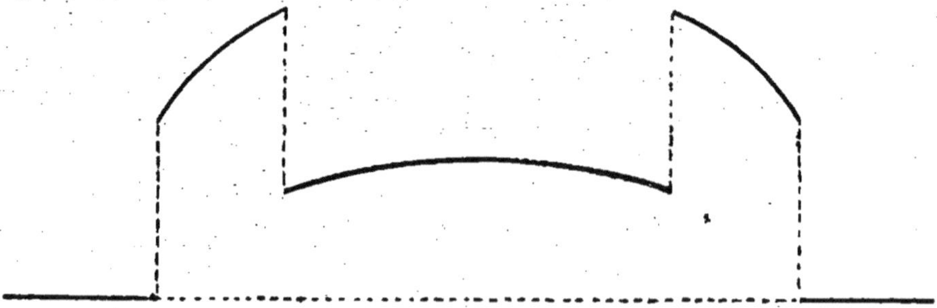

Fig. 24.

tats des mesures de la vitesse de propagation de l'électricité.

On peut remarquer que, si $a - b$ est très petit, c'est-à-dire si la perturbation est de courte durée, le champ d'intégration du terme résiduel est petit et, par suite, ce terme est négligeable.

(Cf. *Les Oscillations électriques*. Paris, Georges Carré, 1894, pages 179 et suiv.)

CHAPITRE IX

MÉTHODE DE LAPLACE
FIL OU SOLIDE INDÉFINI

85. Revenons à l'équation du mouvement de la chaleur dans un fil :

$$(1) \qquad \frac{dU}{dt} = \frac{d^2U}{dx^2}$$

Remarquons que :

$$U = \frac{1}{\sqrt{t}} e^{-\frac{(x-\xi)^2}{4t}}$$

est une solution particulière de l'équation (1).

Si donc on pose :

$$V = \int_{-\infty}^{\infty} \frac{\varphi(\xi)}{\sqrt{t}} e^{-\frac{(x-\xi)^2}{4t}} d\xi$$

φ étant une fonction arbitraire, V satisfera à l'équation (1).

Il faut que, pour $t = 0$, on ait :

$$V = f(x)$$

Posons :

$$\xi = x + 2\alpha\sqrt{t}.$$

On a :

$$V = 2\int_{-\infty}^{\infty} \varphi(x + 2\alpha\sqrt{t})\, e^{-\alpha^2}\, d\alpha$$

et pour $t = 0$, ceci se réduit à :

$$V = 2\int_{-\infty}^{\infty} \varphi(x)\, e^{-\alpha^2}\, d\alpha = 2\sqrt{\pi}\, \varphi(x)$$

Il faut donc que l'on ait :

$$f(x) = 2\sqrt{\pi}\, \varphi(x)$$

ou :

$$\varphi = \frac{f}{2\sqrt{\pi}}$$

Donc la solution du problème est :

$$V = \int_{-\infty}^{\infty} \frac{f(x + 2\alpha\sqrt{t})}{\sqrt{\pi}}\, e^{-\alpha^2}\, d\alpha$$

$$= \int_{-\infty}^{\infty} \frac{f(\xi)}{2\sqrt{\pi t}}\, e^{-\frac{(x-\xi)^2}{4t}}\, d\xi$$

Si f reste finie pour ξ très grand, l'intégrale est finie.

f peut même devenir infinie sans que l'intégrale cesse d'être finie.

Soit, par exemple :

$$f = e^{\xi}$$

$$V = \int_{-\infty}^{\infty} e^{x+2\alpha\sqrt{t}}\, e^{-\alpha^2}\, d\alpha$$

et cette intégrale a une valeur finie.

Si dans la solution générale nous faisons $t < 0$, on trouve une fonction imaginaire.

La solution est purement illusoire.

On a vu, en effet, qu'il est, en général, impossible de trouver une distribution qui, au bout d'un temps donné, reproduise une distribution de température donnée à l'avance.

86. Identité des deux solutions. — De la solution de Laplace, nous nous proposons de déduire celle de Fourier.

Nous avons démontré la formule :

$$\sqrt{\frac{\pi}{t}}\, e^{-\frac{(x-\xi)^2}{4t}} = \int_{-\infty}^{\infty} e^{-q^2 t} \cos q(x-\xi)\, dq$$

Or, nous avons trouvé :

$$V = \int_{-\infty}^{\infty} \frac{f(\xi)}{2\sqrt{\pi t}}\, e^{-\frac{(x-\xi)^2}{4t}}\, d\xi$$

En remplaçant :

$$e^{-\frac{(x-\xi)^2}{4t}}$$

par sa valeur, on obtient :

$$V = \int_{-\infty}^{+\infty}\int_{-\infty}^{+\infty} \frac{f(\xi)}{2\pi}\, e^{-q^2 t} \cos q(x-\xi)\, dq\, d\xi$$

En remarquant que la fonction à intégrer est une fonction paire de q, on peut écrire :

$$V = \int_0^\infty dq \int_{-\infty}^{\infty} \frac{f(\xi)}{\pi} e^{-q^2 t} \cos q (x - \xi)\, d\xi$$

et si l'on pose :

$$F(q) = \int_{-\infty}^{\infty} \frac{f(\xi)}{\pi} \cos q\, (x - \xi)\, d\xi$$

on a :

$$V = \int_0^\infty e^{-q^2 t}\, F(q)\, dq$$

On aura aussi :

$$F(q) = \varphi(q) \cos q\, x + \psi(q) \sin qx$$

en posant :

$$\varphi(q) = \int_{-\infty}^{\infty} \frac{f(\xi)}{\pi} \cos q\xi\, d\xi$$

$$\psi(q) = \int_{-\infty}^{\infty} \frac{f(\xi)}{\pi} \sin q\xi\, d\xi$$

87. Nombre des fonctions arbitraires. — Il y a un point sur lequel Fourier revient à plusieurs reprises : il s'agit du nombre de fonctions arbitraires que comporte la solution du problème.

Fourier se donne la fonction V (x) pour $t = 0$, et la solution ne comporte qu'une seule fonction arbitraire.

Il n'en serait plus de même si on se donnait pour $x = 0$ la fonction V (t) ; il faudrait alors se donner, par exemple, en outre, la valeur de $\frac{dV}{dx}$ en fonction de t pour $x = 0$.

Cela résulte de la théorie générale des équations différentielles, car l'équation est de la forme :

$$\frac{dV}{dt} = \frac{d^2V}{dx^2}$$

On peut, d'ailleurs, s'en rendre compte de la manière suivante.

Soit :

$$V = \sum A_{m,n} t^m x^n$$

On aura :

$$\frac{dV}{dt} = \sum (m+1) A_{(m+1),n} t^m x^n$$

et :

$$\frac{d^2V}{dx^2} = \sum (n+1)(n+2) A_{m(n+2)} t^m x^n$$

D'où, en identifiant :

$$(m+1) A_{(m+1),n} = (n+1)(n+2) A_{m,(n+2)}$$

Formons le tableau des coëfficients :

$$\begin{matrix} A_{0,0} & A_{1,0} & A_{2,0} & \dots \\ A_{0,1} & A_{1,1} & A_{2,1} & \dots \\ A_{0,2} & A_{1,2} & A_{2,2} & \dots \end{matrix}$$

. . . .

On voit donc que la relation de récurrence permet de calculer les coefficients de la $(m+1)^{me}$ colonne, connaissant ceux de la m^{me}, ou bien ceux de la $(n+2)^e$ ligne, connaissant ceux de la n^{me}.

On voit donc que, pour déterminer la fonction, il faudra se donner ou bien les coefficients de la première colonne, ou bien ceux des deux premières lignes, c'est-à-dire, dans le premier cas, V (x) pour $t = 0$, et, dans le second cas, V et $\frac{dV}{dx}$ en fonction de t pour $x = 0$.

On a donc, suivant le cas, une ou deux fonctions arbitraires.

88. Considérons t, x, V comme les coordonnées rectangulaires d'un point.

La fonction V sera représentée par une surface.

Si l'on se donne la valeur de V en fonction de x pour $t = 0$, ou en fonction de t pour $x = 0$, cela revient à faire passer la surface par une courbe donnée : dans le premier cas, on a une surface bien définie, et dans le second cas on obtient une infinité de surfaces ; dans ce dernier cas, toutes les surfaces obtenues coupent le plan $t = 0$ suivant certaines courbes $c'c''c'$...

Ces courbes ne sont pas quelconques, car l'une d'entre elles suffit pour définir la surface qui la contient.

Voyons quelle est la propriété commune à ces courbes.

Supposons que pour $x = 0$ on ait :

$$V = \varphi(t) = 0$$
$$\frac{dV}{dx} = \psi(t)$$

L'équation différentielle ne change pas si on change V en $-$ V et x en $- x$. Les équations aux limites ne changent pas non plus; donc V est une fonction impaire de x. On devra donc avoir :

$$f(x) + f(-x) = 0$$

C'est-à-dire que les courbes $c'c''$..... sont symétriques par rapport à l'origine.

Si on suppose $\varphi(t)$ quelconque, considérons deux surfaces V_1 et V_2 de la famille, coupant le plan $t = o$ suivant les deux courbes C_1 et C_2 dont les équations sont :

$$V_1 = f_1(x)$$
$$V_2 = f_2(x)$$

Pour $x = o$, on a :

$$V_1 = V_2 = \varphi(t)$$

Considérons la fonction $V_1 - V_2$, elle satisfait à l'équation différentielle, s'annule pour $x = o$, et se réduit pour $t = o$ à $f_1(x) - f_2(x)$.

On a donc :

$$f_1(x) + f_1(-x) = f_2(x) + f_2(-x)$$

On voit donc que, si on se donne la valeur de la fonction pour $x = o$, on ne pourra plus se la donner d'une manière quelconque pour $t = o$.

Il résulte des considérations précédentes que la question du nombre des fonctions arbitraires qui entrent dans la solution d'une équation différentielle est dénuée de sens par elle-même.

89. Extension de la solution de Laplace au cas de trois dimensions. — Considérons un solide indéfini à trois dimensions.

L'équation du mouvement de la chaleur est, comme on l'a

vu :

$$\frac{dV}{dt} = k\Delta V$$

ou, en choisissant convenablement les unités :

$$\frac{dV}{dt} = \Delta V.$$

Il faut que, pour $t = 0$, on ait :

$$V = f(x, y, z).$$

Pour résoudre le problème, nous poserons :

$$U_1 = \frac{1}{\sqrt{t}} e^{-\frac{(x-\xi)^2}{4t}}$$

ξ étant une constante arbitraire.

Nous avons démontré que l'on a dans ces conditions :

$$\frac{dU_1}{dt} = \frac{d^2U_1}{dx^2}.$$

Nous poserons de même :

$$U_2 = \frac{1}{\sqrt{t}} e^{-\frac{(y-\eta)^2}{4t}}$$

et :

$$U_3 = \frac{1}{\sqrt{t}} e^{-\frac{(z-\zeta)^2}{4t}}.$$

De telle sorte que l'on aura :

$$\frac{dU_2}{dt} = \frac{d^2U_2}{dy^2}$$

et :

$$\frac{dU_3}{dt} = \frac{d^2U_3}{dz^2}.$$

Soit maintenant :

$$U = U_1U_2U_3$$

on aura :

$$\frac{dU}{dt} = \frac{dU_1}{dt} U_2U_3 + \frac{dU_2}{dt} U_3U_1 + \frac{dU_3}{dt} U_1U_2$$

$$\frac{d^2U}{dx^2} = \frac{d^2U_1}{dx^2} U_2U_3$$

$$\frac{d^2U}{dy^2} = \frac{d^2U_2}{dy^2} U_3U_1$$

$$\frac{d^2U}{dz^2} = \frac{d^2U_3}{dz^2} U_1U_2.$$

D'où :

$$\Delta U = \frac{d^2U_1}{dx^2} U_2U_3 + \frac{d^2U_2}{dy^2} U_3U_1 + \frac{d^2U_3}{dz^2} U_1U_2.$$

On a donc :

$$\frac{dU}{dt} = \Delta U$$

avec :

$$U = \frac{1}{\sqrt{t}} e^{-\frac{(x-\xi)^2 + (y-\eta)^2 + (z-\zeta)^2}{4t}}.$$

Posons alors :

$$V = \iiint \varphi(\xi, \eta, \zeta)\, U\, d\xi\, d\eta\, d\zeta$$

φ étant une fonction arbitraire, et l'intégrale étant étendue à l'espace tout entier.

Cette fonction V satisfait évidemment à l'équation différentielle, car :

$$\frac{dV}{dt} = \iiint \varphi . \frac{dU}{dt} d\xi \, d\eta \, d\zeta$$

et :

$$\Delta V = \iiint \varphi \, \Delta U \, d\xi \, d\eta \, d\zeta.$$

Comment doit-on choisir φ pour que V se réduise à $f(x, y, z)$, pour $t = 0$?

Posons :

$$\xi = x + 2\alpha \sqrt{t}$$
$$\eta = y + 2\beta \sqrt{t}$$
$$\zeta = z + 2\gamma \sqrt{t}$$

On aura :

$$d\xi = 2 \sqrt{t} \, d\alpha$$
$$d\eta = 2 \sqrt{t} \, d\beta$$
$$d\zeta = 2 \sqrt{t} \, d\gamma.$$

D'où :

$$U = \frac{1}{\sqrt{t^3}} e^{-(\alpha^2 + \beta^2 + \gamma^2)}$$

et :

$$V = \iiint 8\varphi \left[x + 2\alpha\sqrt{t}, y + 2\beta\sqrt{t}, z + 2\gamma\sqrt{t}\right] e^{-(\alpha^2 + \beta^2 + \gamma^2)} d\alpha \, d\beta \, d\gamma.$$

Faisons $t = 0$ dans cette expression. Il faudra que l'on ait :

$$f(x, y, z) = 8 \iiint \varphi (x, y, z) \, e^{-(\alpha^2 + \beta^2 + \gamma^2)} \, d\alpha . \, d\beta . \, d\gamma.$$

L'intégrale peut s'écrire :

$$8\varphi(x, y, z)\int_{-\infty}^{\infty} e^{-\alpha^2}\, d\alpha \int_{-\infty}^{\infty} e^{-\beta^2}\, d\beta \int_{-\infty}^{\infty} e^{-\gamma^2}\, d\gamma.$$

On sait que :

$$\int_{-\infty}^{\infty} e^{-\alpha^2}\, d\alpha = \sqrt{\pi}.$$

On doit donc avoir :

$$f(x, y, z) = 8\sqrt{\pi^3}\,\varphi(x, y, z)$$

ou :

$$\varphi(x, y, z) = \frac{f(x, y, z)}{8\sqrt{\pi^3}}.$$

L'intégrale de Laplace devient alors :

$$V = \iiint \frac{f(\xi, \eta, \zeta)}{8\sqrt{\pi^3 t^3}}\, e^{-\frac{(x-\xi)^2+(y-\eta)^2+(z-\zeta)^2}{4t}}\, d\xi\, d\eta\, d\zeta,$$

ou bien, en revenant aux premières variables :

$$V = \iiint \frac{f(x+2\alpha\sqrt{t},\ y+2\beta\sqrt{t},\ z+2\gamma\sqrt{t})}{\sqrt{\pi^3}}\, e^{-(\alpha^2+\beta^2+\gamma^2)t}\, d\alpha\, d\beta\, d\gamma,$$

l'intégrale étant étendue à l'espace tout entier.

CHAPITRE X

REFROIDISSEMENT DE LA SPHÈRE

90. Nous allons maintenant aborder un autre problème, celui du mouvement de la chaleur dans une sphère.

Nous supposerons qu'à l'origine des temps la distribution est telle que la température soit fonction seulement de la distance au centre ; par raison de symétrie, il en sera de même à un instant quelconque.

Passons en coordonnées polaires :

$$x = r \sin \theta \cos \varphi$$
$$y = r \sin \theta \sin \varphi$$
$$z = r \cos \theta.$$

Nous avons établi, au début du cours, l'équation du mouvement de la chaleur dans ce système de coordonnées :

$$\frac{1}{k}\frac{dV}{dt} = \frac{d^2V}{dr^2} + \frac{2}{r}\frac{dV}{dr} + \frac{1}{r^2}\frac{d^2V}{d\theta^2} + \frac{\operatorname{cotg}\theta}{r^2}\frac{dV}{d\theta} + \frac{1}{r^2 \sin^2\theta}\frac{d^2V}{d\varphi^2}.$$

Dans le cas qui nous occupe, cette équation se simplifie et

devient :

$$\frac{1}{k}\frac{dV}{dt} = \frac{d^2V}{dr^2} + \frac{2}{r}\frac{dV}{dr}.$$

Nous prendrons comme unité de longueur le rayon de la sphère, et nous choisirons l'unité de temps, de manière que :

$$k = 1.$$

L'équation différentielle devient dans ces conditions :

$$\frac{dV}{dt} = \frac{d^2V}{dr^2} + \frac{dV}{dr}.$$

L'équation à la surface :

$$\frac{dV}{dn} + hV = 0$$

devient ici :

$$\frac{dV}{dr} + hV = 0$$

pour :

$$r = 1$$

h étant un coefficient positif qui dépend du pouvoir émissif de la sphère.

Pour achever de déterminer le problème, il faut se donner, pour $t = 0$, la valeur de la fonction V :

$$V = f(r).$$

91. Pour simplifier l'équation différentielle, posons :

$$V = \frac{U}{r}.$$

On a :

$$\frac{dV}{dr} = \frac{1}{r}\frac{dU}{dr} - \frac{U}{r^2}$$

$$\frac{d^2V}{dr^2} = \frac{1}{r}\frac{d^2U}{dr^2} - \frac{2}{r^2}\frac{dU}{dr} + \frac{2U}{r^3}.$$

L'équation devient alors :

$$\frac{dU}{dt} = \frac{d^2U}{dr^2}.$$

Nous remarquons que c'est l'équation à laquelle on était arrivé dans le cas du fil ; mais les équations aux limites ne sont plus les mêmes.

La condition à la surface :

$$\frac{dV}{dr} + hV = 0$$

devient :

$$\frac{1}{r}\frac{dU}{dr} - \frac{U}{r^2} + \frac{hU}{r} = 0$$

pour :

$$r = 1$$

ou bien :

$$\frac{dU}{dr} = (1 - h)\,U.$$

De plus, pour $t = 0$, on doit avoir :

$$U = rf(r).$$

Remarquons que U doit s'annuler pour $r = 0$, car on a :

$$U = Vr$$

et V reste finie.

92. Nous allons appliquer la méthode générale de Fourier, c'est-à-dire chercher un développement de U en une série dont les termes sont des intégrales particulières de l'équation.

Cherchons, d'abord, à satisfaire à l'équation différentielle par une fonction de la forme :

$$U = u.e^{-\mu^2 t},$$

u ne dépendant que de r.

En portant dans l'équation différentielle :

$$\frac{dU}{dt} = \frac{d^2U}{dr^2}$$

on a :

$$\frac{d^2u}{dr^2} + \mu^2 u = 0.$$

Donc u est de la forme :

$$A \cos \mu r + B \sin \mu r.$$

Pour que U et, par suite, u s'annulent pour $r = 0$, on doit avoir :

$$A = 0.$$

Dans ces conditions, nous pouvons supposer :

$$B = 1$$

et nous aurons la solution particulière :

$$U = e^{-\mu^2 t} \sin \mu r.$$

Il reste à satisfaire à la condition limite :

$$\frac{dU}{dr} = (1 - h)\, U$$

pour :

$$r = 1.$$

Cette condition devient ici :

$$\mu \cos \mu = (1 - h) \sin \mu,$$

ou, en posant :

$$A = \frac{1}{1 - h}$$

$$\operatorname{tg} \mu = A \mu.$$

93. Si μ satisfait à cette équation transcendante, U sera une intégrale particulière.

Nous sommes donc amenés à discuter cette équation transcendante.

Il est évident que ses racines sont deux à deux égales et de signes contraires ; il suffit donc de considérer les racines positives.

Construisons les deux courbes :

$$y = \operatorname{tg} \mu$$

$$y = A \mu.$$

Il est, d'abord, évident que la droite :

$$y = A \mu$$

coupe chacune des branches de courbe en un point au moins (*fig.* 25).

Cherchons si elle peut couper une des branches en plus d'un point.

Laissons, d'abord, de côté la branche qui passe par l'origine ; il faut voir si le rapport $\frac{\operatorname{tg} \mu}{\mu}$ peut passer plusieurs fois par la même valeur quand μ varie de $(2k-1)\frac{\pi}{2}$ à $(2k+1)\frac{\pi}{2}$.

Si cela a lieu, la dérivée s'annulera au moins une fois dans l'intervalle.

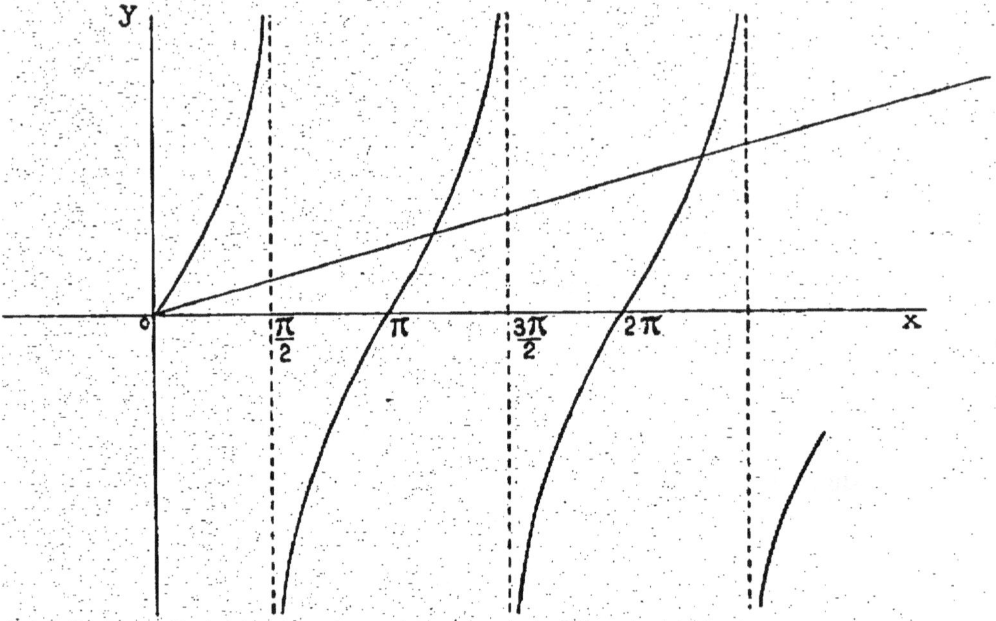

FIG. 25.

La dérivée logarithmique de ce rapport est :

$$\frac{\cos\mu}{\sin\mu}+\frac{\sin\mu}{\cos\mu}-\frac{1}{\mu}.$$

Pour que cette dérivée s'annule, il faudrait que l'on eût :

$$\sin 2\mu = 2\mu.$$

ce qui ne peut avoir lieu dans l'intervalle considéré.

Donc il y a une racine, et une seule, entre :

$$(2k-1)\frac{\pi}{2} \qquad \text{et} \qquad (2k+1)\frac{\pi}{2}.$$

94. Reste à examiner l'intervalle de o à $\frac{\pi}{2}$.

La racine $\mu = o$ est évidente.

Il faut suivre les variations du rapport $\frac{\operatorname{tg}\mu}{\mu}$ dans cet intervalle.

On a pour $\mu = o$:

$$\frac{\operatorname{tg}\mu}{\mu} = 1$$

et pour $\mu = \frac{\pi}{2}$ le rapport est infini.

Or, il ne peut y avoir ni maximum ni minimum dans l'intervalle; donc le rapport va sans cesse en croissant.

Si donc on a :

$$\Lambda > 1$$

il y a une racine dans l'intervalle $\left(O_1 \frac{\pi}{2}\right)$; et si :

$$\Lambda < 1$$

il n'y en a pas.

95. Nous allons chercher si l'équation transcendante que nous étudions possède des racines imaginaires.

Nous distinguerons les racines complexes et les racines purement imaginaires.

Nous allons démontrer, d'abord, qu'il n'y a pas de racines complexes, et pour cela nous emploierons une formule qui nous sera utile dans la suite du cours.

Considérons deux solutions U_1 et U_2 :

$$U_1 = e^{-\mu_1^2 t} \sin \mu_1 r$$

$$U_2 = e^{-\mu_2^2 t} \sin \mu_2 r$$

et prenons l'intégrale :

$$\int_0^1 \left(U_1 \frac{d^2U_2}{dr^2} - U_2 \frac{d^2U_1}{dr^2}\right) dr = \left[U_1 \frac{dU_2}{dr} - U^2 \frac{dU_1}{dr}\right]_0^1.$$

Cette expression est nulle, car U_1 et U_2 s'annulent pour $r = 0$; et pour $x = 1$ on a :

$$U_1 = A \frac{dU_1}{dr}, \qquad U_2 = A \frac{dU_2}{dr}.$$

Or, on peut écrire l'intégrale sous une autre forme, en remarquant que :

$$\frac{d^2U_1}{dr^2} = -\mu_1^2 U_1,$$

$$\frac{d^2U_2}{dr^2} = -\mu_2^2 U_2.$$

On voit qu'elle peut s'écrire :

$$(\mu_1^2 - \mu_2^2) \int_1^2 U_1 U_2 \, dr.$$

Comme cette expression doit être nulle on voit que si :

$$\mu_1^2 \neq \mu_2^2,$$

on a :

$$\int_0^1 U_1 U_2 \, dr = 0.$$

Supposons que l'équation transcendante possède une racine imaginaire $\alpha + \beta i$; elle possède aussi la racine conjuguée $\alpha - \beta i$. Les fonctions U_1 et U_2 correspondant à ces deux racines seront des fonctions imaginaires conjuguées, et, par conséquent, leur produit est positif. En outre :

$$\mu_1^2 - \mu_2^2 = 4\alpha\beta i,$$

quantité différente de zéro, puisque la racine est supposée complexe. Or, l'intégrale :

$$\int_0^1 U_1 U_2 \, dr,$$

dont l'élément est, dans ce cas, positif, ne peut être nulle. Donc l'équation ne peut pas avoir de racines de la forme $\alpha + \beta i$.

96. Peut-elle avoir des racines imaginaires pures de la forme βi.

Si cela a lieu, elle admet aussi la racine $-\beta i$; et, dans ces conditions, $\frac{\operatorname{tg}\mu}{\mu}$ est réelle, car son imaginaire conjuguée lui est égale.

Or :

$$\operatorname{tg} i\beta = \frac{1}{i} \frac{e^{-\beta} - e^{\beta}}{e^{-\beta} + e^{\beta}}.$$

Il faut voir comment varie le rapport $\frac{\operatorname{tg}\mu}{\mu}$ quand β croît de o à ∞.

Pour $\beta = 0$, on a :

$$\frac{\operatorname{tg}\mu}{\mu} = 1.$$

Pour $\beta = \infty$, on a :

$$\frac{\operatorname{tg}\mu}{\mu} = 0.$$

Il ne peut y avoir dans l'intervalle un maximum ou un

minimum que si l'on a dans l'intervalle :

$$\sin 2i\beta = 2i\beta,$$

ou bien :

$$e^{+2\beta} - e^{-2\beta} = 4\beta.$$

ou, en développant les exponentielles :

$$\frac{(2\beta)^3}{3!} + \frac{(2\beta)^5}{5!} + \ldots = 0,$$

ce qui n'est pas possible, tous les termes étant positifs.

Donc le rapport décroît constamment et va de 1 à 0.

Pour qu'il y ait des racines purement imaginaires, il faudrait que l'on eût :

$$0 < A < 1.$$

Or, A ne peut pas avoir une telle valeur, puisque l'on a :

$$A = \frac{1}{1 - h},$$

et que h est positif.

De cette discussion il résulte donc que l'équation transcendante :

$$\operatorname{tg} \mu = A\mu,$$

n'a jamais que des racines réelles.

97. Si l'on néglige la solution :

$$\mu = 0$$

on voit que chaque solution de l'équation :

$$\operatorname{tg} \mu = A\mu,$$

donne une intégrale particulière du problème.

Si donc on a réussi à développer $rf(r)$ en une série de la forme :

$$rf(r) = A_1 \sin \mu_1 r + A_2 \sin \mu_2 r + \dots + A_n \sin \mu_n r + \dots \mu_1 \mu_2 \dots \mu_n$$

étant les racines positives de l'équation.

La solution du problème sera :

$$U = A_1 e^{-\mu_1^2 t} \sin \mu_1 r + \dots + A_n e^{-\mu_n^2 t} \sin \mu_n r + \dots .$$

Pour démontrer rigoureusement que U est bien la solution, il faudrait faire une discussion analogue à celle qui a été faite au sujet du problème de l'armille, ce qui se ferait tout à fait de la même manière.

Ainsi le problème est ramené à celui-ci :

Développer la fonction $rf(r)$ en une série procédant suivant les fonctions :

$$\sin \mu_1 r, \quad \sin \mu_2 r \dots\dots \sin \mu_n r \dots\dots$$

98. Si on suppose le développement possible, on pourra en trouver les coefficients par une méthode analogue à celle que l'on a employée pour la série de Fourier.

On a démontré l'identité :

$$\int_0^1 U_1 U_2 \, dr = 0,$$

qui pour $t = 0$ devient :

$$\int_0^1 \sin \mu_1 r \sin \mu_2 r \, dr = 0,$$

sous la condition :

$$\mu_1 \neq \mu_2$$

Si :

$$\mu_1 = \mu_2,$$

on a :

$$\int_0^1 \sin^2 \mu_1 r \, dr = \left[\frac{1}{2} - \frac{\sin 2\mu_1}{4\mu_1}\right].$$

Considérons :

$$rf(r) = \sum_{i \neq n} A_i \sin \mu_i r + A_n \sin \mu_n r,$$

multiplions les deux membres par $\sin \mu_n r \, dr$, et intégrons entre o et 1.

On aura :

$$\int_0^1 rf(r) \sin \mu_n r \, dr = A_n \int_0^1 \sin^2 \mu_n r \, dr.$$

D'où :

$$A_n \left[\frac{1}{2} - \frac{\sin 2\mu_n}{4\mu_n}\right] = \int_0^1 rf(r) \sin \mu_n r \, dr.$$

Reste à démontrer la possibilité du développement que Fourier admet sans démonstration.

La seule démonstration rigoureuse est celle de Cauchy, qui se rattache à une méthode générale pour développer une fonction en une série de forme déterminée.

CHAPITRE XI

MÉTHODE DE CAUCHY
VALEURS ASYMPTOTIQUES DES FONCTIONS

99. Nous allons exposer la méthode de Cauchy pour le développement d'une fonction arbitraire en série de forme déterminée.

Cette méthode est fondée sur la théorie des résidus.

Nous commencerons par rappeler les principes élémentaires de la théorie des fonctions.

Une fonction entière $G(z)$ est une fonction qui est développable suivant les puissances croissantes de z, de telle sorte que la série soit convergente pour toutes les valeurs réelles ou imaginaires de z. Telles sont, par exemple, les fonctions e^z, $e^{\alpha z}$, $P(z)$, $P(z, e^{\alpha z}, e^{\beta z})$, P représentant un polynôme.

En particulier, cos z et sin z sont de cette dernière forme.

Ces fonctions n'ont aucune espèce de points singuliers.

Nous avons démontré que, si $f(x)$ est une fonction quelconque, mais finie, l'intégrale:

$$\int_L f(x)\, e^{\alpha z x}\, dx,$$

L étant un chemin de longueur finie, est une fonction holomorphe de z dans toute l'étendue du plan, c'est donc une fonction entière.

Considérons maintenant le quotient de deux fonctions entières:

$$R(z) = \frac{G(z)}{G_1(z)}$$

Ce sera une fonction méromorphe de z; elle admet des singularités qui sont des pôles.

Le théorème des résidus de Cauchy est le suivant:

Si on considère un contour fermé quelconque G, *on a :*

$$\int_C R(z)\, dz = 2i\pi \sum A$$

$\sum A$ *étant la somme des résidus relatifs aux pôles contenus à l'intérieur du contour* C.

Considérons une série de cercles concentriques de rayons croissants : C_1, C_2, ... C_p, ... et prenons l'intégrale :

$$\int R(z)\, dz$$

le long de ces différents cercles.

Supposons que l'on ait démontré d'une manière quelconque que, lorsque le rayon des cercles va en croissant suivant une certaine loi, l'intégrale tende vers une limite finie et déterminée.

Soit $2i\pi\lambda$ cette limite.

On sait, d'autre part, que :

$$\int_{C_p} R(z)\, dz = 2i\pi\,(A_1 + A_2 + \dots + A_n)$$

$A_1, A_2, \dots A_n$ étant les résidus des pôles contenus à l'intérieur du cercle C_p.

Lorsque le rayon du cercle croît indéfiniment, on obtient à la limite :

$$\lambda = A_1 + A_2 + \dots + A_n + \dots$$

Si R est une fonction de z et de x, $R(z, x)$, les quantités λ et A_1, $A_2, \dots$ sont des fonctions de x, et la fonction λ se trouve développée en une série procédant suivant les fonctions A.

La question se ramène donc à trouver la limite vers laquelle tend :

$$\int R(z)\, dz$$

quand le rayon du cercle d'intégration croît indéfiniment.

100. Nous sommes donc amenés à étudier les valeurs asymptotiques d'une fonction entière ou méromorphe, quand le module de la variable croît indéfiniment.

Nous allons prendre, tout d'abord, quelques exemples simples.

Considérons la fonction entière :

$$f(z) = e^z - e^{-z}$$

Qu'entend-on par valeur asymptotique de $f(z)$? C'est une fonction $\varphi(z)$ telle que, lorsque le module de z croît indéfiniment, on ait :

$$\lim \frac{f(z)}{\varphi(z)} = 1$$

Dans l'exemple choisi, il est facile de voir que la valeur asymptotique dépend de l'argument.

Posons, en effet :

$$z = \rho e^{i\omega}$$

Supposons d'abord :

$$-\frac{\pi}{2} < \omega < \frac{\pi}{2}$$

La partie réelle de z est positive.

Donc, lorsque ρ croît indéfiniment, il en est de même de e^z et, au contraire, e^{-z} tend vers zéro : la valeur asymptotique est donc, dans ce cas, e^z.

Si, au contraire, on a :

$$\frac{\pi}{2} < \omega < \frac{3\pi}{2}$$

la valeur asymptotique de la fonction sera $-e^{-z}$.

Si l'argument est un multiple impair de $\frac{\pi}{2}$, il n'y a pas de limite déterminée.

On pourra dire :

Ces arguments correspondent à des *azimuts singuliers.*

Prenons comme second exemple la fonction :

$$f(z) = \frac{e^z - e^{-z}}{e^z + e^{-z}}$$

D'après ce que l'on vient de voir pour l'exemple précédent, on reconnaît que si :

$$-\frac{\pi}{2} < \omega < \frac{\pi}{2}$$

la valeur asymptotique est 1, et si :

$$\frac{\pi}{2} < \omega < \frac{3\pi}{2}$$

cette valeur asymptotique est — 1.

On a, comme précédemment, des azimuts singuliers pour les valeurs de ω qui sont des multiples de 2.

Si on considère les fonctions :

$$\frac{e^z - 1 + e^{-z}}{e^z + 1 + e^{-z}}$$

la valeur asymptotique est 1, que la partie réelle de z soit positive ou négative ; mais il y a encore des azimuts singuliers pour les mêmes valeurs de ω que précédemment.

101. Considérons maintenant un exemple un peu plus général.

Soit :

$$f(z) = A_1 e^{i\alpha_1 z} + A_2 e^{i\alpha_2 z} + \dots A_n e^{i\alpha_n z}$$

$\alpha_1, \alpha_2, \dots, \alpha_n$ étant des nombres réels rangés par ordre croissant.

Posons :

$$z = \beta + i\gamma = \rho e^{i\omega}$$

Si ω est compris entre o et π, γ tendra vers $+\infty$, et, comme l'on a :

$$|\, e^{i\alpha z} \,| = e^{-\alpha\gamma}$$

On voit que, si γ est positif, cette expression tendra vers zéro.

Cela posé, nous allons démontrer que la valeur asymptotique de $f(z)$ est dans ces conditions:

$$A_1 e^{i\alpha_1 z}$$

En effet, on a:

$$\frac{f(z)}{A_1 e^{i\alpha_1 z}} - 1 = \frac{A_2}{A_1} e^{i(\alpha_2 - \alpha_1)z} + \ldots + \frac{A_n}{A_1} e^{i(\alpha_n - \alpha_1)z}$$

Il s'agit de montrer que chacun des termes du second membre tend vers zéro, et ceci résulte immédiatement de ce que nous venons de dire plus haut.

Si, au contraire, on avait:

$$-\pi < \omega < 0$$

γ tendrait vers $-\infty$, et l'on démontrerait que la valeur asymptotique est:

$$A_n e^{i\alpha_n z}$$

Pour $\omega = 0$ et $\omega = \pi$ on a des azimuts singuliers.

Si l'on prend le secteur compris entre les deux azimuts ω_0 et ω_1 choisis de manière qu'ils ne comprennent aucun azimut singulier, si l'on a par exemple :

$$0 < \omega_0 < \omega_1 < \pi$$

non seulement l'expression :

$$\left| \frac{f(z)}{A_1 e^{i\alpha_1 z}} - 1 \right|$$

tend vers zéro, mais encore elle tend *uniformément* vers cette limite.

En effet, on a :

$$\left| \frac{f(z)}{A_1 e^{i\alpha_1 z}} - 1 \right| < \left| \frac{A_2}{A_1} \right| e^{-(\alpha_2 - \alpha_1)\gamma} + \dots + \left| \frac{A_n}{A_1} \right| e^{-(\alpha_n - \alpha_1)\gamma}$$

et :

$$\gamma = \rho \sin \omega.$$

Or, on a l'une des deux inégalités :

$$\gamma > \rho \sin \omega_0$$

ou bien :

$$\gamma > \rho \sin \omega_1.$$

Donc on peut prendre ρ assez grand pour que la différence :

$$\frac{f(z)}{A_1 e^{i\alpha_1 z}} - 1$$

soit en valeur absolue inférieure à une quantité ε, et cela quel que soit ω.

102. Prenons maintenant le cas plus général où l'on aurait :

$$f(z) = A_1 e^{\alpha_1 z} + A_2 e^{\alpha_2 z} + \dots + A_n e^{\alpha_n z}$$

$\alpha_1, \alpha_2, \dots, \alpha_n$ étant des quantités quelconques réelles ou imaginaires.

Nous représenterons ces quantités par des points dans un plan.

Soit :

$$\alpha_k = \beta_k + i\gamma_k$$

et soit :

$$Z = x + iy = \rho(\cos \omega + i \sin \omega).$$

La valeur asymptotique sera fournie par l'exponentielle dont le module sera le plus grand.

Le module de $e^{\alpha_k z}$ est :

$$e^{\rho(\beta_k \cos\omega - \gamma_k \sin\omega)}.$$

La quantité :

$$\beta_k \cos\omega - \gamma_k \sin\omega$$

est susceptible d'une interprétation géométrique très simple.

Considérons le point conjugué de α_k, c'est-à-dire symé-

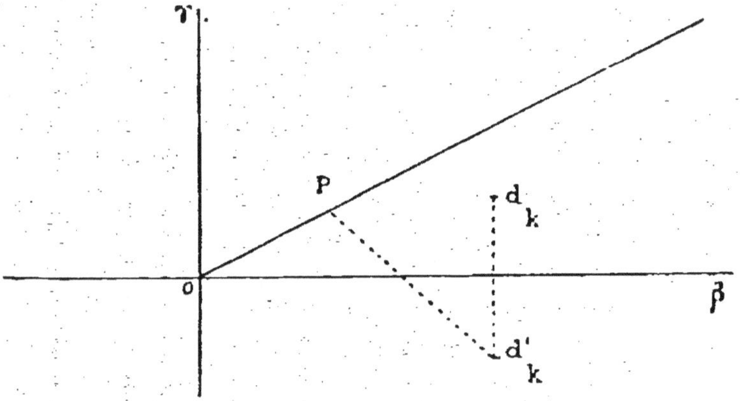

Fig. 26.

trique par rapport à l'axe oβ. Soit α'_k ce point. Abaissons de α'_k une perpendiculaire α'_kP sur oz (*fig.* 26).

On aura :

$$\overline{\mathrm{OP}} = \beta_k \cos\omega - \gamma_k \sin\omega$$

comme il est aisé de le vérifier.

Supposons que z s'éloigne indéfiniment dans la direction ω; le point α qui fournit la valeur asymptotique sera celui par lequel le segment oP compté en grandeur et en ligne est maximum.

Considérons alors le polygone convexe dont tous les sommets appartiennent à l'ensemble des points α', et tel qu'aucun de ces points ne soit situé à l'extérieur de ce polygone.

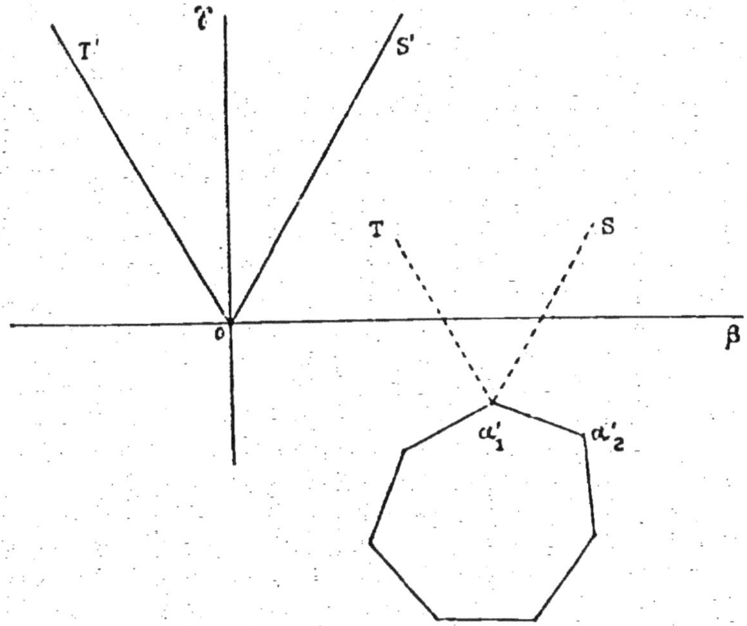

Fig. 27.

Considérons un sommet quelconque, α'_1 par exemple, et menons par α'_1 extérieurement au polygone les perpendiculaires aux deux côtés qui y aboutissent ; soient α'_1S et α'_1T.

Menons par l'origine des parallèles OS′ et OT′ à ces deux demi-droites.

Si la direction *oz* dans laquelle *z* s'éloigne indéfiniment est comprise entre OS′ et OT′, on voit que c'est le point α_1 qui fournira le terme de module maximum, et la valeur asymptotique de $f(z)$ sera :

$$A_1 e^{\alpha_1 z}.$$

On pourra ainsi diviser le plan en autant de secteurs qu'il

y a de sommets au polygone, et pour chacun de ces secteurs il y aura une valeur asymptotique déterminée.

Quand z s'éloigne indéfiniment sur une des demi-droites OS', OT', ..., il n'y a pas de valeur asymptotique déterminée : ce sont des azimuts singuliers.

103. Nous allons maintenant nous proposer de trouver la valeur asymptotique de l'expression :

$$f(z) = P_1 e^{i\alpha_1 z} + P_2 e^{i\alpha_2 z} + \dots P_n e^{i\alpha_n z}$$

$P_1, P_2, \dots P_n$ étant des polynômes entiers en z de degrés $m_1, m_2, \dots, m_n$.

Pour cela, considérons, d'abord, un polynôme entier en z :

$$P = Az^m + \sum Bz^n, \qquad n < m.$$

La valeur asymptotique de P est :

$$Az^m$$

et, de plus, le rapport :

$$\frac{-P}{Az^m}$$

tend uniformément vers l'unité quand z augmente indéfiniment.

On a, en effet :

$$\frac{P}{Az^m} - 1 = \sum \frac{B}{A} \frac{1}{z^{m-n}} \qquad m > n.$$

Le module de la somme est inférieur à la somme des

modules, donc :

$$\left|\frac{1}{Az^m} - 1\right| < \sum \left|\frac{B}{A}\right| \left|\frac{1}{z}\right|^{m-n}.$$

Le second membre est un polynôme entier en $\left|\frac{1}{z}\right|$ et s'annulant pour $\frac{1}{z} = 0$.

On peut donc prendre le module de z assez grand pour que :

$$\left|\frac{P}{Az^m} - 1\right| < \varepsilon.$$

Considérons, en second lieu, l'expression :

$$z^p e^{i\alpha z},$$

α étant une quantité positive.

Nous allons montrer que cette fonction tend vers zéro, quel que soit p, lorsque z croît indéfiniment, sa partie imaginaire étant positive.

On a toujours :

$$z = \beta + i\gamma = \rho e^{i\omega}$$

et l'on suppose :

$$\omega_0 < \omega < \pi - \omega_0$$

ω_0 étant différent de zéro, mais aussi petit que l'on veut.

Le module de $z^p e^{i\alpha z}$ est :

$$\rho^p e^{-\alpha\gamma} = \rho^p e^{-\alpha\rho \sin\omega}$$

Or, on a :

$$\rho \sin\omega > \rho \sin\omega_0$$

Donc le module est inférieur à :

$$\rho^p e^{-\alpha\rho \sin\omega_0}$$

quantité qui tend vers zéro indépendamment de ω; donc l'expression proposée tend uniformément vers zéro.

104. Revenons à la fonction :

$$f(z) = P_1 e^{i\alpha_1 z} + P_2 e^{i\alpha_2 z} + \ldots\ldots + P_n e^{i\alpha_n z}$$

où les P sont des polynômes de degré m_1, m_2, ..., m_n, et où les α sont des quantités réelles rangées par ordre de grandeur croissante.

Je dis que, si z croît indéfiniment, sa partie imaginaire restant positive, la valeur asymptotique de $f(z)$ est :

$$A_1 z^{m_1} e^{i\alpha_1 z}$$

$A_1 z^{m_1}$ étant la valeur asymptotique de P_1, et que le rapport :

$$\frac{f(z)}{A_1 z^{m_1} e^{i\alpha_1 z}}$$

tend uniformément vers l'unité.

En effet, on a :

$$\frac{f(z)}{A_1 z^{m_1} e^{i\alpha_1 z}} = \frac{P_1}{A_1 z^{m_1}} + \frac{P_2}{A_1 z^{m_1}} e^{i(\alpha_2 - \alpha_1)z} + \ldots\ldots$$
$$= \frac{P_1}{A_1 z^{m_1}} + \frac{P_2}{A_2 z^{m_2}} \cdot \frac{A_2}{A_1} z^{m_2 - m_1} e^{i(\alpha_2 - \alpha_1)z} + \ldots\ldots$$

le premier terme tend uniformément vers l'unité. Il en est de même du facteur $\frac{P_2}{A_2 z^{m_2}}$ dans le second terme. Quant au facteur :

$$z^{(m_2 - m_1)} e^{i(\alpha_2 - \alpha_1)z}$$

il tend uniformément vers zéro, puisque l'on a :

$$\alpha_2 > \alpha_1$$

Donc le second terme tend uniformément vers zéro, ainsi que tous les suivants.

Donc le rapport :

$$\frac{f(z)}{A_1 z^{m_1} e^{i\alpha_1 z}}$$

tend uniformément vers l'unité.

On a donc l'égalité asymptotique : [1]

$$f(z) \sim A_1 z^{m_1} e^{i\alpha_1 z}$$

Dans le cas où z croît indéfiniment, sa partie imaginaire restant négative, on aurait de même :

$$f(z) \sim A_n z^{m_n} e^{i\alpha_n z}$$

Dans un cas, comme dans l'autre, l'exposant α qui donne la valeur asymptotique sera appelé *exposant caractéristique.*

Supposons que l'on considère deux fonctions $f_1(z)$ et $f_2(z)$ de la forme de celles que nous venons d'étudier ; quelle sera la valeur asymptotique de leur somme ?

Si la partie imaginaire γ est positive, la valeur asymptotique correspond à la plus petite valeur de l'exposant caractéristique α dans les deux fonctions.

Le contraire a lieu si γ est négatif.

[1] Nous employons le signe $\sim$ pour indiquer une égalité asymptotique.

CHAPITRE XII

VALEURS ASYMPTOTIQUES DES INTÉGRALES DÉFINIES

105. Considérons maintenant :

$$\varphi(z) = \int_a^b f(x)\, e^{izx}\, dx$$

Nous supposons que $f(x)$ est une fonction quelconque, mais finie, et satisfaisant à la condition de Dirichlet; en outre, a et b sont deux quantités réelles, et l'on a :

$$a < b$$

$\varphi(z)$ sera, comme on l'a vu, une fonction entière; nous voulons chercher la valeur asymptotique de cette fonction.

Si, d'abord, $f(x)$ est égale à une constante A, on pourra effectuer l'intégration, et on aura :

$$\varphi(z) = \frac{A}{iz}(e^{izb} - e^{iza})$$

Si la partie imaginaire γ de z est positive, la valeur asymptotique sera :

$$-\frac{A}{iz}e^{iza}$$

Si, au contraire, γ est négatif, elle sera :

$$\frac{A}{iz}e^{izb}$$

Dans le cas général, soit :

$$A = f(a + \varepsilon)$$

$f(a + \varepsilon)$ étant la limite de $f(x)$ lorsque x tend vers a par valeurs supérieures à a.

Supposons d'abord $\gamma > 0$.

Je dis que la valeur asymptotique de $\varphi(z)$ sera :

$$\varphi(z) \sim -\frac{f(a+\varepsilon)}{iz}e^{iaz}$$

En effet, nous pouvons poser :

$$f(x) = A + f_1(x)$$

$f(x)$ tendra vers zéro lorsque x tend vers a.

On peut choisir un nombre positif α, tel que, lorsque l'on a :

$$a < x < a + \alpha,$$

on ait, en même temps :

$$|f_1(x)| < \mu$$

μ tendant vers zéro en même temps que α.

De plus, comme la fonction est finie, on aura pour les

valeurs de x supérieures à $(a + \alpha)$:

$$|f_1(x)| < M$$

On aura d'ailleurs :

$$\varphi(z) = \int_a^b A e^{izx}\, dx + \int_a^b f_1(x)\, e^{izx}\, dx$$

Nous allons montrer que l'erreur commise en négligeant ce dernier terme tend vers zéro, quand z croît indéfiniment.

On a en effet :

$$\left| \int_a^b f_1(x)\, e^{izx}\, dx \right| < \int_a^{a+\alpha} \mu e^{-\gamma x}\, dx + \int_{a+\alpha}^b M e^{-\gamma x}\, dx$$

Comme, dans le second membre, les fonctions sous le signe $\int$ sont essentiellement positives, on peut écrire :

$$\left| \int_a^b f_1(x)\, e^{izx}\, dx \right| < \int_a^{\infty} \mu e^{-\gamma x}\, dx + \int_{a+\alpha}^{\infty} M e^{-\gamma x}\, dx$$

Le second membre est égal à :

$$\frac{\mu}{\gamma} e^{-\gamma a} + \frac{M}{\gamma} e^{-\gamma(a+\alpha)}$$

Cette quantité est donc une limite supérieure de la valeur absolue de l'erreur commise.

L'erreur relative s'obtiendra en divisant cette quantité par le module de la valeur asymptotique de la fonction :

$$A \int_a^b e^{izx}\, dx$$

qui est :

$$\frac{A}{\rho} e^{-a\gamma}.$$

L'erreur relative est donc :

$$\frac{\mu}{\Lambda} \cdot \frac{\varepsilon}{\gamma} + \frac{M}{\Lambda} \frac{\varepsilon}{\gamma} e^{-\gamma\alpha}$$

et, comme on a :

$$\gamma = \rho \sin \omega$$

cette erreur peut s'écrire :

$$\frac{\mu}{\Lambda \sin \omega} + \frac{M}{\Lambda \sin \omega} e^{-\gamma\alpha}.$$

Si ω est un angle tel que :

$$\omega_0 < \omega < \pi - \omega_0$$

l'expression ci-dessus sera inférieure à :

$$\frac{\mu + M e^{-\rho\alpha \sin \omega_0}}{\Lambda \sin \omega_0}$$

expression indépendante de ω.

Je dis qu'elle tend vers zéro ; en effet, on peut prendre d'abord α assez petit pour que l'on ait :

$$\mu < \frac{\varepsilon}{2}$$

et ensuite ρ assez grand pour que :

$$M e^{-\rho\alpha \sin \omega_0} < \frac{\varepsilon}{2}.$$

La valeur asymptotique de $\varphi(z)$ est donc :

$$\varphi(z) \sim -\frac{f(a+\varepsilon)}{iz} e^{iza}.$$

Si l'on avait eu $\gamma < 0$, on aurait eu de la même manière :

$$\varphi(z) \sim \frac{f(b-\varepsilon)}{iz} e^{izb}.$$

106. On peut étendre ces résultats à une intégrale de même forme :

$$\int f(x)\, e^{izx}\, dx,$$

l'intégrale étant prise le long d'un chemin L de longueur finie ; à la condition que, en tous les points du chemin, on ait :

$$|e^{izx}| < |e^{iza}|$$

a étant l'origine du chemin L.

On démontrera que la valeur asymptotique est encore dans ce cas :

$$\frac{-f(a)}{iz} e^{iaz}$$

en supposant :

$$\gamma > 0.$$

Pour cela, on décomposera le chemin d'intégration en deux autres, comme précédemment, en prenant un point $(a+\alpha)$ infiniment voisin du point a, et en continuant les raisonnements de la même manière.

107. Revenons à la fonction :

$$\varphi(z) = \int_a^b f(x)\, e^{izx}\, dx$$

où a et b sont réels, et supposons que dans le voisinage de :

$$x = a$$

la fonction $f(x)$ soit développable suivant les puissances de $(x - a)$:

$$f(x) = A(x - a)^{\lambda} + A_1(x - a)^{\lambda_1} + \ldots$$

le développement pouvant contenir des puissances négatives ou fractionnaires.

On sait que l'on a :

$$\int_0^{\infty} x^n e^{-x}\,dx = \Gamma(n + 1)$$

ou bien, en changeant x en zx:

$$\int_0^{\infty} x^n e^{-zx}\,dx = \frac{\Gamma(n+1)}{z^{n+1}}$$

Posons :

$$x = ue^{-\frac{i\pi}{2}}.$$

Cette formule deviendra :

$$e^{-(n+1)i\frac{\pi}{2}} \int_0^{\infty} u^n e^{iuz}\,du = \frac{\Gamma(n+1)}{z^{n+1}}$$

$$\int_0^{\infty} u^n e^{iuz}\,du = \frac{\Gamma(n+1)}{z^{n+1}}\, e^{(n+1)i\frac{\pi}{2}}$$

En remplaçant maintenant u par $(x - a)$:

$$\int^{\infty} (x - a)^n . e^{izx}\,dx = \frac{\Gamma(n+1)}{z^{n+1}}\, e^{(n+1)i\frac{\pi}{2}}\, e^{iaz}.$$

Or, on a :

$$\int_a^b = \int_a^{\infty} - \int_b^{\infty}$$

La seconde intégrale sera négligeable devant la première

quand z croîtra indéfiniment, sa partie imaginaire restant positive, car l'intégrale :

$$\int_b^{\infty} (x - a)^n e^{izx} dx$$

est de l'ordre de grandeur de $\frac{e^{ibz}}{z^{n+1}}$, tandis que la première sera de l'ordre de $\frac{e^{iaz}}{z^{n+1}}$.

On aura donc:

$$\int_a^b (x - a)^n e^{izx} dx \sim \frac{\Gamma(n+1) e^{(n+1)i\frac{\pi}{2}} e^{iaz}}{z^{n+1}}$$

Nous allons appliquer ces résultats à la fonction :

$$\varphi(z) = \int_a^b f(x) e^{izx} dx.$$

La valeur asymptotique de $\varphi(z)$ sera égale à la valeur asymptotique du terme correspondant à la plus petite puissance de $(x - a)$.

On aura donc :

$$\varphi(z) \sim \frac{A \Gamma(\lambda + 1) e^{(\lambda+1)i\frac{\pi}{2}} e^{iaz}}{z^{\lambda+1}}$$

Ceci ne présente aucune difficulté si le développement de $f(x)$ est valable entre a et b; s'il n'en est pas ainsi, supposons que le développement soit valable seulement de a à c.

L'intégrale $\int_c^b$ aura une valeur asymptotique qui contiendra un facteur e^{cz} et, par suite, sera négligeable par rapport à l'intégrale $\int_a^c$.

On peut ajouter que le théorème serait encore vrai si l'intégrale, au lieu d'être prise sur un chemin réel, était prise suivant un chemin imaginaire de longueur finie, pourvu que l'on ait tout le long du chemin :

$$|e^{izx}| < |e^{iza}|$$

108. Application à la fonction J_0 de Bessel. — La fonction J_0 peut être exprimée par une intégrale définie :

$$J_0(z) = \frac{1}{\pi}\int_{-1}^{1} \frac{e^{izx}\,dx}{\sqrt{1 - x^2}}$$

Nous allons, d'abord, chercher la valeur asymptotique de J_0 lorsque la partie imaginaire de z est positive.

On a ici :

$$a = -1$$

Cherchons maintenant la valeur de A. On a.

$$f(x) = (1 - x^2)^{-\frac{1}{2}}$$

$$= (x + 1)^{-\frac{1}{2}} (1 - x)^{-\frac{1}{2}}$$

Développons $(1 - x)^{-\frac{1}{2}}$ suivant les puissances croissantes de $(x + 1)$:

$$(1 - x)^{-\frac{1}{2}} = A + B(x + 1) + \ldots$$

et l'on aura, comme on le voit, en faisant $x = -1$ dans cette équation :

$$A = \frac{1}{\sqrt{2}}$$

On a d'ailleurs :

$$\lambda = -\frac{1}{2}$$

L'application de la formule générale, trouvée plus haut, donne donc ici :

$$J_0 \sim \frac{\Gamma\left(\frac{1}{2}\right)}{\pi\sqrt{2}} \frac{e^{\frac{i\pi}{4}} e^{-iz}}{\sqrt{z}}$$

ou bien, en remarquant que :

$$\Gamma\left(\frac{1}{2}\right) = \sqrt{\pi}$$

$$J_0 \sim \frac{e^{-i\left(z-\frac{\pi}{4}\right)}}{\sqrt{2\pi z}}$$

Pour avoir la valeur asymptotique, lorsque γ est négatif, il suffit de remarquer que, J_0 étant une fonction réelle, le changement de i en $-i$ et de ω en $-\omega$ n'altère pas la valeur de l'intégrale ; ce changement permet de ramener au cas précédent le cas où γ est négatif, et l'on voit immédiatement que l'on a :

$$J_0 \sim \frac{e^{i\left(z-\frac{\pi}{4}\right)}}{\sqrt{2\pi z}}$$

109. Si z est réel, il n'y a plus de valeur asymptotique proprement dite ; mais nous allons arriver dans ce cas à un résultat nouveau et très important.

Au lieu d'intégrer suivant l'axe réel de -1 à $+1$, nous intégrerons suivant une demi-circonférence, ayant pour centre l'origine, et de rayon égal à 1, cette demi-circonférence étant située au-dessus de l'axe réel.

Prenons sur cette demi-circonférence un point quelconque a et divisons l'intégrale en deux parties :

$$J_0 = \frac{1}{\pi}\int_{-1}^{a} + \frac{1}{\pi}\int_{a}^{1}$$
$$= H_1 + H_2$$

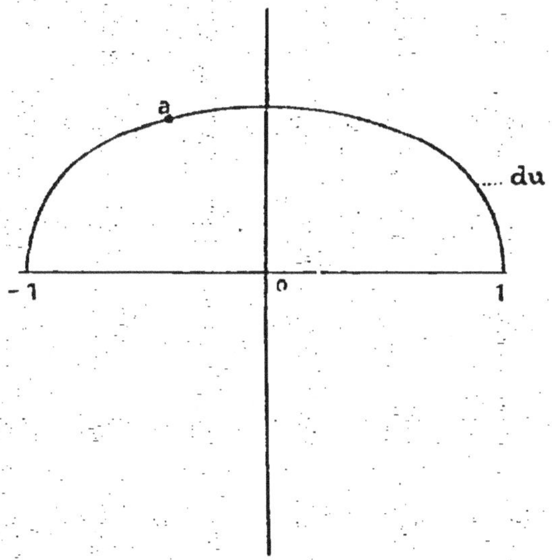

FIG. 28.

Tout le long de cette demi-circonférence, on a, en supposant que z croisse par valeurs positives :

$$| e^{izx} | < 1$$

car, en posant :

$$x = \alpha + \beta i$$

on a :

$$| e^{izx} | = e^{-z\beta}$$

et $z\beta$ est alors une quantité positive.

On voit donc que, dans l'intégrale H_1, la valeur asymptotique sera fournie par la limite -1, et dans H_2 par la limite 1.

On aura donc :

$$H_1 \sim \frac{e^{-i\left(z-\frac{\pi}{4}\right)}}{\sqrt{2\pi z}}$$

$$H_2 \sim \frac{e^{i\left(z-\frac{\pi}{4}\right)}}{\sqrt{2\pi z}}$$

Faisons la somme de ces deux valeurs asymptotiques. Soit :

$$K = \frac{2\cos\left(z - \frac{\pi}{4}\right)}{\sqrt{2\pi z}}$$

On est conduit à dire que K est la valeur asymptotique de J_0, lorsque z croît indéfiniment par valeurs réelles et positives. Mais on ne veut pas dire par là que l'on a :

$$\lim \frac{J_0}{K} = 1$$

En effet, K s'annule pour des valeurs différentes de celles qui annulent J_0 ; le rapport passe donc alternativement par les valeurs 0 et ∞.

Il faut donc ici donner une autre signification à la valeur asymptotique.

En appelant K_1 et K_2 les valeurs asymptotiques de H_1 et H_2, on a :

$$\lim \frac{H_1}{K_1} = \lim \frac{H_2}{K_2} = 1$$

Je dis que l'on a :

$$\lim \sqrt{z}\,[H_1 - K_1] = 0.$$

En effet, on a :

$$\sqrt{z}\,(H_1 - K_1) = \left(\frac{H_1}{K_1} - 1\right)\frac{e^{-i\left(z-\frac{\pi}{4}\right)}}{\sqrt{2\pi}}.$$

Le premier facteur tend vers zéro.

On a de même :

$$\lim \sqrt{z}\,(H_2 - K_2) = 0.$$

On a donc :

$$\lim \sqrt{z}\,(J_0 - K) = 0$$

et c'est ce qu'il faut entendre ici, lorsque l'on dit que K est la valeur asymptotique de J_0.

Le même raisonnement s'appliquerait au cas où z croît par valeurs négatives.

Il suffirait d'intégrer le long d'une demi-circonférence située au-dessous de l'axe réel.

110. Limite supérieure de la fonction φ. — Nous avons étudié, au point de vue des valeurs asymptotiques, la fonction :

$$\varphi(z) = \int_a^b f(x)\, e^{izx}\, dx.$$

Nous allons maintenant nous préoccuper de chercher une limite supérieure de cette fonction. $f(x)$ est par hypothèse une fonction finie ; on peut donc trouver un nombre M tel que :

$$|f(x)| < M.$$

Posons comme précédemment :

$$z = \beta + i\gamma$$

et considérons, d'abord, le cas où γ est positif.

Comme on a:

$$| e^{izx} | = e^{-\gamma x},$$

on aura:

$$| \varphi(z) | < \int_a^b M e^{-\gamma x}\, dx$$

$$< \int_a^\infty M e^{-\gamma x}\, dx = \frac{M.e^{-a\gamma}}{\gamma}.$$

Et comme:

$$| e^{iza} | = e^{-a\gamma},$$

on peut écrire:

$$| \varphi(z) | < M \left| \frac{e^{iaz}}{\gamma} \right|.$$

Nous distinguerons deux cas, suivant que la quantité positive γ est supérieure ou inférieure à la valeur absolue de β.

Supposons d'abord:

$$\gamma > | \beta |$$

c'est-à-dire que l'argument de z est compris entre $\frac{\pi}{4}$ et $\frac{3\pi}{4}$.

On voit alors facilement que, dans ces conditions, on a:

$$\gamma > \left| \frac{z}{\sqrt{2}} \right|.$$

Donc on a:

$$| \varphi(z) | < M \sqrt{2} \left| \frac{e^{iaz}}{z} \right|.$$

111. Considérons maintenant le cas où:

$$\gamma < | \beta |.$$

Nous ne pouvons pas appliquer ici le même raisonnement. On a:

$$\varphi(z) = \int_a^b f(x)\, e^{-\gamma x}\, e^{i\beta x}\, dx.$$

Nous allons étudier l'intégrale:

$$\int_0^c f(x) \sin \beta x \, dx,$$

$f(x)$ étant une fonction positive et décroissante, et c étant une quantité positive quelconque.

Si nous partageons l'intervalle d'intégration en intervalles partiels par les valeurs :

$$\frac{\pi}{\beta}, \quad \frac{2\pi}{\beta}, \quad .....$$

on verra, comme pour l'intégrale de Dirichlet que l'on a une série alternée; par suite, la valeur de cette série est inférieure au premier terme :

On a donc:

$$\int_0^c < \int_0^{\frac{\pi}{\beta}} < \frac{\pi f(o)}{\beta}.$$

Si l'on considère l'intégrale

$$\int_0^c f(x) \cos \beta x \, dx$$

on emploiera le même raisonnement; mais, afin d'obtenir des intervalles partiels égaux entre eux, on devra prendre l'intégrale :

$$\int_{-\frac{\pi}{2\beta}}^c$$

et l'on supposera que $f(x)$ est égale à $f(o)$ pour les valeurs négatives de x.

Ceci revient à ajouter à l'intégrale la quantité :

$$\frac{\pi f(o)}{2\beta}.$$

On aura une série alternée comme précédemment, et on peut, par suite, écrire :

$$\int_{-\frac{\pi}{2\beta}}^{x} < \int_{-\frac{\pi}{2\beta}}^{\frac{\pi}{2\beta}} < \frac{\pi f(o)}{\beta}.$$

Donc *a fortiori :*

$$\left| \int_0^x \right| < \frac{\pi f(o)}{\beta}.$$

On conclut de là :

$$\left| \int_0^x f(x)\, e^{i\beta x}\, dx \right| < \frac{2\pi f(o)}{\beta}.$$

Prenons maintenant (en supposant toujours f décroissante) :

$$\int_a^b f(x)\, e^{i\beta x}\, dx$$

a et b étant deux quantités réelles, et telles que :

$$a < b.$$

Posons :

$$x = y + a.$$

L'intégrale deviendra :

$$e^{i\beta a} \int_0^{b-a} f(y + a)\, e^{i\beta y}\, dy.$$

Donc l'intégrale est plus petite en valeur absolue que :

$$\frac{2\pi f(a)}{|\beta|}.$$

112. Appliquons ces résultats à la fonction φ définie plus haut. Comme la fonction $f(x)$, qui figure dans φ, satisfait à la condition de Dirichlet, on a :

$$f = f_1 - f_2,$$

f_1 et f_2 étant décroissantes.

D'où :

$$\varphi = \int_a^b f_1 e^{-\gamma x} e^{i\beta x}\, dx - \int_a^b f_2 e^{-\gamma x} e^{i\beta x}\, dx.$$

En appliquant les résultats établis ci-dessus, on voit qu'il en résulte :

$$|\varphi| < \frac{2\pi}{|\beta|}[f_1(a) + f_2(a)]\, e^{-\gamma a}.$$

Or, comme l'on a :

$$0 < \gamma < |\beta|$$

on en conclut :

$$|\beta| > \frac{|z|}{\sqrt{2}}.$$

Donc on a :

$$|\varphi(z)| < \left| \frac{2\pi\sqrt{2}}{z} e^{iaz} [f_1(a) + f_2(a)] \right|.$$

En résumé, si l'on désigne par H la plus grande des deux quantités :

$$M\sqrt{2}$$

et :

$$2\pi\sqrt{2}\,[f_1(a) + f_2(a)]$$

on aura, pour toutes les valeurs positives de γ

$$|\varphi| < \left|\frac{H}{z} e^{iaz}\right|.$$

On verrait de même que, pour les valeurs négatives de γ, on a :

$$|\varphi| < \left|\frac{H}{z} e^{ibz}\right|.$$

En effet, f_1 et f_2 étant décroissantes, on aura :

$$f_1(b) + f_2(b) < f_1(a) + f_2(a).$$

CHAPITRE XIII

APPLICATION DE LA MÉTHODE DE CAUCHY

113. Ces résultats préliminaires étant établis, nous allons les appliquer au développement d'une fonction $f(x)$, en suivant la méthode de Cauchy que nous avons déjà indiquée.

Posons :

$$J = \int_a^x f(y)\, e^{izy}\, dy$$

$$J_1 = \int_x^b f(y)\, e^{izy}\, dy$$

x étant une quantité comprise entre a et b.

D'après ce que nous venons de démontrer, on aura, si γ est positif :

$$| J | < \left| \frac{H}{z} e^{iaz} \right|$$

$$| J_1 | < \left| \frac{H}{z} e^{izx} \right|$$

et, si γ est négatif:

$$| J | < \left| \frac{H}{z} e^{izx} \right|$$

$$| J_1 | < \left| \frac{H}{z} e^{ibz} \right|.$$

Considérons deux autres fonctions entières de z ; soient ψ et ψ_1, et formons la fonction :

$$R(z) = \frac{\psi_1 J - \psi J_1}{\psi + \psi_1} ie^{-izx}$$

R est une fonction méromorphe de z, à laquelle nous allons appliquer le théorème des résidus.

Mais, auparavant, nous avons besoin de connaître la valeur asymptotique de R, et pour cela celle des fonctions qui entrent dans son expression.

Si γ est positif, les valeurs asymptotiques de J et J_1 sont respectivement :

$$-\frac{f(a)\, e^{iaz}}{iz}$$

et :

$$-\frac{f(x)\, e^{izx}}{iz}.$$

Si γ est négatif, ces valeurs sont :

$$\frac{f(x)\, e^{izx}}{iz}$$

et :

$$\frac{f(b)\, e^{ibz}}{iz}.$$

D'après la définition que l'on a donnée pour l'exposant caractéristique on voit que :

Si $\gamma > 0$, les exposants caractéristiques de J et J_1 sont a et x.

Si $\gamma > 0$, ces exposants caractéristiques sont :

$$x \quad \text{et} \quad b.$$

Nous supposerons que les valeurs asymptotiques de ψ et ψ_1 sont de la forme qui a été considérée dans les deux chapitres précédents.

Soient alors α et α_1 les exposants caractéristiques de ψ et ψ_1 pour γ positif, et soient β et β_1 ces exposants pour γ négatif.

Nous supposerons pour fixer les idées :

$$\alpha < \beta < \alpha_1 < \beta_1.$$

Les exposants caractéristiques des fonctions $\psi_1 J$ et ψJ_1 seront, suivant le cas :

Si $\gamma > 0$:

$$\psi_1 J \ldots\ldots \quad \alpha_1 + a$$
$$\psi J_1 \ldots\ldots \quad \alpha + x.$$

Si $\gamma < 0$:

$$\psi_1 J \ldots\ldots \quad \beta_1 + x$$
$$\psi J_1 \ldots\ldots \quad \beta + b.$$

Nous supposerons maintenant que l'on a :

$$\alpha + x < \alpha_1 + a$$

et :

$$\beta + b < \beta_1 + x.$$

Dans ces conditions, la fonction :

$$\psi_1 J - \psi J_1$$

aura pour valeur asymptotique :

$$-\psi J_1$$

quand :

$$\gamma > 0$$

et :

$$\psi_1 J$$

quand :

$$\gamma < o.$$

Quant à la fonction $\psi + \psi_1$, elle a pour valeur asymptotique ψ ou ψ_1, suivant que γ est positif ou négatif.

114. Nous pouvons maintenant trouver la valeur asymptotique de R.

On aura, si $\gamma > o$:

$$R(z) \sim -\frac{\psi J_1}{\psi} ie^{-izx}$$

$$R(z) \sim - J_1 \, ie^{-izx}.$$

Or, on a dans ce cas :

$$J_1 \sim -\frac{f(x) e^{izx}}{iz}.$$

Donc :

$$R(z) \sim \frac{f(x)}{z}.$$

Lorsque l'on a $\gamma < o$, on a de même :

$$R(z) \sim \frac{\psi_1 J}{\psi_1} ie^{-izx}$$

$$R(z) \sim J \, ie^{-izx} \sim \frac{f(x)}{z}.$$

En résumé, on voit que, quel que soit le signe de γ, la valeur asymptotique de R (z) est :

$$\frac{f(x)}{z}$$

115. Considérons alors une série discrète de circonférences C_1, C_2, ..., C_n, ayant pour centre l'origine et de rayons croissants.

Nous allons démontrer que, si l'on peut choisir les circonférences de façon que sur chacune d'elles $z\mathrm{R}(z)$ reste finie, l'intégrale :

$$\int_C \mathrm{R}(z)\, dz$$

aura pour limite :

$$2i\pi\, f(x)$$

quand le rayon croîtra indéfiniment.

En effet, on pourra alors trouver une quantité H, telle que sur les cercles considérés on ait :

$$|\, z\mathrm{R}(z)\,| < \mathrm{H}.$$

Posons :

$$z = \rho e^{i\omega}$$

L'intégrale devient :

$$i\int_0^{2\pi} z.\, \mathrm{R}(z)\, d\omega$$

Décomposons-la en quatre parties correspondant aux quatre quadrants, et considérons, par exemple, celle qui est relative au premier, c'est-à-dire :

$$i\int_0^{\frac{\pi}{2}} z\mathrm{R}(z)\, d\omega$$

Décomposons cette intégrale elle-même en deux parties :

$$i\int_0^{\omega_0} + i\int_{\omega_0}^{\frac{\pi}{2}}$$

ω_0 étant compris entre zéro et $\frac{\pi}{2}$, et aussi voisin de zéro que l'on voudra.

La première intégrale aura un module moindre que $H\omega_0$. Quant à la seconde, elle tend uniformément vers :

$$i\left(\frac{\pi}{2} - \omega_0\right) f(x)$$

En effet, on peut supposer les rayons des cercles assez grands pour que l'on ait constamment :

$$|zR(z) - f(x)| < \varepsilon$$

On aura alors :

$$\left| i\frac{\pi}{2} f(x) - i\int_0^{\frac{\pi}{2}} zR(z)\, d\omega \right| < \frac{\pi}{2}\varepsilon + \omega_0 [H + |f(x)|]$$

On prendra d'abord ω_0 assez petit pour que le second terme soit inférieur à toute quantité donnée, et on prendra ensuite le rayon du cercle assez grand pour que ε soit aussi plus petit que toute quantité donnée.

La même démonstration s'appliquerait aux trois autres quadrants ; il est donc bien démontré que :

$$\int_C R(z)\, dz$$

tend vers $2i\pi f(x)$.

116. Il résulte de là que $f(x)$ est égale à la somme des résidus de $R(z)$.

Cherchons donc les pôles de R et les résidus correspondants.

Les pôles de R sont les zéros du dénominateur ; si donc μ

représente l'un quelconque d'entre eux, on aura :

$$\psi(\mu) + \psi_1(\mu) = 0$$

Pour calculer le résidu correspondant à ce pôle, remarquons que l'on peut mettre R sous la forme :

$$\frac{\psi_1 (J + J_1)}{\psi + \psi_1} ie^{-izx} - J_1 ie^{-izx}$$

Le second terme étant une fonction entière, le résidu de R sera égal au résidu du premier terme, c'est-à-dire à la quantité :

$$\frac{\psi_1(\mu)\,[J(\mu) + J_1(\mu)]}{\psi'(\mu) + \psi_1'(\mu)} ie^{-i\mu x}$$

On aura donc:

$$(1) \quad f(x) = \sum e^{-i\mu x} \frac{i\psi_1(\mu)}{\psi'(\mu) + \psi_1'(\mu)} \int_a^b f(y)\, e^{i\mu y}\, dy$$

La fonction $f(x)$ se trouve ainsi développée dans une série procédant suivant les exponentielles $e^{-i\mu x}$; mais, pour que le développement soit valable, il faut que toutes les inégalités écrites plus haut se trouvent vérifiées, et en second lieu qu'on puisse trouver des cercles sur lesquels $zR(z)$ reste finie.

117. Application. — Nous allons donner un exemple particulier. Nous prendrons :

$$a = -b$$

$$\alpha = \beta = -b \qquad \alpha_1 = \beta_1 = b$$

et, pour cela, nous poserons :

$$\psi = Pe^{-izb}$$
$$\psi_1 = Qe^{izb},$$

P et Q étant des polynômes entiers du même degré en z.

Pour que les inégalités en question soient vérifiées, il faut, et il suffit que :

$$-b < x < b.$$

On a :

$$zR(z) = ize^{-izx}\frac{e^{2izb}J - \frac{P}{Q}J_1}{\frac{P}{Q} + e^{2izb}}.$$

Si on suppose que la partie imaginaire y de z est positive, on voit sous cette forme que le numérateur est limité.

En effet, on a dans ce cas :

$$J \sim -\frac{f(-b)\,e^{-ibz}}{iz}$$

$$J_1 \sim -\frac{f(x)\,e^{izx}}{iz}.$$

En substituant ces valeurs dans l'expression de $zR(z)$, et remarquant que l'on a :

$$b - x > 0.$$

on en conclut que le numérateur a pour valeur asymptotique :

$$\frac{P}{Q}f(x).$$

D'autre part, nous avons vu, aux § 111 et 112, que l'on

peut trouver une limite supérieure du rapport d'une fonction entière à sa valeur asymptotique.

Si la quantité γ était négative, on aurait mis l'expression $zR(z)$ sous la forme :

$$ize^{-iz x}\frac{\frac{Q}{P}J - J_1 e^{-2iz b}}{\frac{Q}{P} + e^{-2iz b}}$$

et l'on arrive au même résultat en remarquant que :

$$-b - x < 0.$$

Ainsi donc, $zR(z)$ ne peut devenir infini que pour les zéros du dénominateur. Étudions donc ce qui se passe dans le voisinage de ces zéros.

Pour des valeurs suffisamment grandes de z, la fraction $\frac{Q}{P}$ diffère peu d'une constante. Donc les zéros du dénominateur seront sensiblement disposés sur une parallèle à ox et équidistants les uns des autres.

Soit un cercle K ayant pour centre l'origine; nous pouvons prendre le rayon de ce cercle K assez grand pour qu'à l'extérieur de ce cercle on ait :

$$\left|\frac{Q}{P} - C\right| < \varepsilon$$

C étant la limite constante vers laquelle tend le rapport $\frac{Q}{P}$ quand z croît indéfiniment.

Les zéros du dénominateur différeront très peu des nombres :

$$z_0 + nz_1$$

où n est un entier quelconque et où :

$$2\,ibz_0 = \log C\,; \qquad bz_1 = \pi$$

Du point $z_0 + nz_1$ comme centre, avec un rayon $r < \frac{z_1}{2}$ on peut décrire un petit cercle k_n; le rayon r sera le même pour tous ces petits cercles, et *tous ces petits cercles ne se couperont pas.*

Soit η le minimum du module de la fonction :

$$C + e^{-2iz b}$$

sur la circonférence du cercle k_1. Comme cette fonction est périodique, η sera encore le minimum de son module sur la circonférence d'un quelconque des cercles k_n.

Dans la région du plan extérieure à la fois au cercle K et à tous les cercles k_n, on aura donc :

$$\left|\frac{Q}{P} - e^{-2izb}\right| > \left|\frac{Q}{P} - C\right| - |\,C - e^{-2izb}\,| > \eta - \varepsilon$$

Comme on peut prendre ε aussi petit qu'on veut, on pourra supposer $\varepsilon < \eta$; de sorte que, dans cette région, on aura une limite inférieure du module du dénominateur, et par conséquent une limite supérieure de $|\,zR(z)\,|$.

On conçoit donc, sans qu'il soit besoin d'insister, que l'on pourra s'arranger de façon que les cercles de rayons croissants $c_1, c_2, \ldots$, passent toujours entre deux des cercles k_n, de sorte que, le long de ces cercles $c_1, c_2, \ldots$, le module de $zR(z)$ sera limité.

Par conséquent, on pourra, dans ce cas, appliquer la méthode générale et trouver le développement de $f(x)$ dans l'intervalle de $-a$ à $+a$.

118. On pourra, en particulier, retrouver par cette méthode le développement en série de Fourier.

Pour cela, nous prendrons :

$$\psi = -e^{-iz\pi}$$
$$\psi_1 = e^{iz\pi}.$$

Les valeurs de μ seront données par l'équation :

$$e^{i\mu\pi} - e^{-i\mu\pi} = 0$$

ou :

$$\sin \mu\pi = 0.$$

Ce seront donc les nombres entiers positifs et négatifs : ce qui donne bien la série de Fourier, en remplaçant les exponentielles par les fonctions trigonométriques.

119. Application au refroidissement de la sphère. — Nous avons vu que le problème du refroidissement de la sphère se trouvait ramené au suivant :

Développer la fonction $xf(x)$ définie de 0 à 1 et s'annulant pour $x = 0$ suivant les fonctions :

$$\sin \mu_1 x, \quad \sin \mu_2 x, \quad \ldots\ldots, \quad \sin \mu_n x, \quad \ldots\ldots$$

$\mu_1, \mu_2, \ldots\ldots, \mu_n, \ldots\ldots$ étant les racines positives de l'équation transcendante :

$$\operatorname{tg} \mu = A\mu.$$

Cette équation peut s'écrire :

$$\sin \mu = A\mu \cos \mu$$

ou bien :

$$e^{i\mu} - e^{-i\mu} = Ai\mu\,(e^{i\mu} + e^{-i\mu}).$$

Nous poserons :

$$\psi(z) = (Aiz + 1)\, e^{-iz}$$
$$\psi_1(z) = (Aiz - 1)\, e^{iz}.$$

Les quantités μ seront racines de l'équation :

$$\psi(\mu) + \psi_1(\mu) = 0.$$

D'après ce que nous venons de voir, une fonction quelconque définie entre — 1 et 1 sera développable suivant les exponentielles $e^{i\mu x}$, et par suite suivant les fonctions :

$$\cos \mu x \qquad \text{et} \qquad \sin \mu x.$$

Pour appliquer ce résultat au problème qui nous occupe, nous définirons une fonction $F(x)$ de la manière suivante :

On aura pour les valeurs de x comprises entre 0 et 1 :

$$F(x) = xf(x)$$

et, pour x compris entre — 1 et 0 :

$$F(x) = -F(-x).$$

$F(x)$ sera donc une fonction impaire.

Nous allons montrer que, dans ces conditions, la formule générale (1) nous donnera pour $F(x)$ un développement ne contenant que les fonctions :

$$\sin \mu x.$$

Considérons dans ce développement deux termes correspondant à des valeurs de μ égales et de signes contraires.

Ces deux termes sont :

$$i \frac{\psi_1(\mu)}{\psi'(\mu) + \psi'_1(\mu)} \int_{-1}^{1} F(y)\, e^{i\mu(y-x)}\, dy$$

$$i \frac{\psi_1(-\mu)}{\psi'(-\mu) + \psi'_1(-\mu)} \int_{-1}^{1} F(y)\, e^{-i\mu(y-x)}\, dy.$$

Nous allons montrer que, dans le cas qui nous occupe, les coefficients des deux intégrales sont égaux.

En effet, on voit immédiatement que l'on a :

$$\psi(\mu) = -\psi_1(-\mu)$$

et, par suite, en tenant compte de l'équation :

$$\psi(-\mu) + \psi_1(-\mu) = 0,$$

on a :

$$\psi(\mu) = \psi(-\mu)$$

et, de même :

$$\psi_1(\mu) = \psi_1(-\mu).$$

D'autre part, on voit aisément que :

$$\psi'(\mu) = Aie^{-i\mu} - i\psi(\mu)$$
$$\psi'_1(\mu) = Aie^{i\mu} + i\psi_1(\mu).$$

D'où, en additionnant :

$$\psi'(\mu) + \psi'_1(\mu) = 2i\,[A \cos \mu - \psi(\mu)].$$

Et, par suite :

$$\psi'(\mu) + \psi'_1(\mu) = \psi'(-\mu) + \psi'_1(-\mu).$$

Les deux coefficients sont donc égaux, et leur valeur commune s'obtient facilement en tenant compte de l'équation :

$$\operatorname{tg} \mu = A\mu.$$

Cette valeur est :

$$\frac{1}{2i\,[\mathrm{A}\cos^2\mu - 1]}$$

Faisons la somme des deux termes considérés.

On obtient :

$$\frac{1}{2i\,[\mathrm{A}\cos^2\mu - 1]}\int_{-1}^{1}\mathrm{F}\,(y)\,[e^{i\mu(y-x)} + e^{-i\mu(y-x)}]\,dy$$
$$= \frac{1}{i\,[\mathrm{A}\cos^2\mu - 1]}\int_{-1}^{1}\mathrm{F}\,(y)\cos\mu\,(y - x)\,dy.$$

L'intégrale définie peut alors s'écrire :

$$\cos\mu x\int_{-1}^{1}\mathrm{F}\,(y)\cos\mu y\,dy + \sin\mu x\int_{-1}^{1}\mathrm{F}\,(y)\sin\mu y\,dy$$

F (y) étant une fonction impaire, on voit que la première intégrale est nulle, ce qui montre que le développement de $f(x)$ ne contient que des sinus.

CHAPITRE XIV

REFROIDISSEMENT D'UN CORPS SOLIDE QUELCONQUE

120. Fonctions harmoniques. Cas du parallélipipède. — Nous allons aborder maintenant le problème général de refroidissement d'un corps quelconque; mais, ici, nous perdrons en rigueur ce que nous gagnerons en généralité.

Le problème se ramène à la détermination d'une fonction V telle que l'on ait à l'intérieur du solide :

$$\frac{dV}{dt} = \Delta V$$

à la surface :

$$\frac{dV}{dn} + hV = 0$$

et qui, pour $t = 0$, se réduira à :

$$f(xyz).$$

Nous considérerons toujours h comme une constante positive.

La solution de cette question est intimement liée à celle du problème suivant :

Trouver une fonction U (x, y, z) telle que l'on ait à l'intérieur du corps :

$$\Delta U + kU = 0$$

et à la surface :

$$\frac{dU}{dn} + hU = 0$$

h étant la même constante que dans le problème précédent, et k une nouvelle constante arbitraire.

Nous allons démontrer l'existence de fonctions satisfaisant à ces conditions, et que l'on peut désigner sous le nom de fonctions harmoniques.

121. Supposons, d'abord, qu'il existe deux fonctions U et U' satisfaisant aux conditions précédentes, mais correspondant à des valeurs différentes k et k' de la constante k.

Appliquons le théorème de Green à ces deux fonctions :

$$\iint \left(U \frac{dU'}{dn} - U' \frac{dU}{dn} \right) d\omega = \iiint (U\Delta U' - U'\Delta U)\, d\tau$$

les intégrales étant étendues à la surface et au volume du corps, et les dérivées étant prises suivant la normale extérieure.

En tenant compte des relations auxquelles satisfont U et U', la formule ci-dessus donne :

$$\iiint (k - k')\, UU'\, d\tau = 0$$

et, comme k et k' sont supposés différents, on a :

$$(1) \qquad \iiint UU'\, d\tau = 0.$$

Ceci nous montre que les constantes k sont nécessairement réelles.

En effet, si k pouvait être imaginaire, soit U la fonction correspondante, la fonction U' imaginaire conjuguée de U correspondra à la valeur k' conjuguée de k.

Or, l'égalité :

$$\iiint UU' \, d\tau = 0$$

est ici impossible, puisque UU' est une quantité essentiellement positive.

Je dis, de plus, que k ne peut pas être négatif. Pour le voir, appliquons le théorème de Green sous la forme suivante :

$$\iint U \frac{dU}{dn} d\omega = \iiint U\Delta U \, d\tau + \iiint \sum \left(\frac{dU}{dx}\right)^2 d\tau.$$

En remplaçant $\frac{dU}{dn}$ et ΔU par leurs valeurs, cette équation devient :

$$-h\iint U^2 \, d\omega = -k\iiint U^2 d\tau + \iiint \sum \left(\frac{dU}{dx}\right)^2 d\tau.$$

D'où l'on tire la valeur de k :

$$(2) \qquad k = \frac{h\iint U^2 \, d\omega + \iiint \sum \left(\frac{dU}{dx}\right)^2 d\tau}{\iiint U^2 \, d\tau}.$$

S'il existe une fonction U, on voit ainsi que la valeur de k sera donnée par la formule (2).

122. Posons :

$$A = h\iint U^2 d\omega + \iiint \sum \left(\frac{dU}{dx}\right)^2 d\tau$$

$$B = \iiint U^2 \, d\tau$$

U *étant une fonction quelconque.*

Considérons le rapport $\frac{A}{B}$.

Sa valeur ne change pas quand on multiplie U par une constante ; on peut donc toujours supposer que l'on a :

$$B = \iiint U^2 \, d\tau = 1.$$

Nous avons donc à étudier l'expression A. Elle est essentiellement positive et ne peut s'annuler ; en effet, il faudrait pour cela que chacune des intégrales dont elle est la somme fût nulle.

On aurait donc à la surface :

$$U = 0$$

et à l'intérieur :

$$\frac{dU}{dx} = \frac{dU}{dy} = \frac{dU}{dz} = 0.$$

D'où :

$$U = \text{constante}.$$

Par suite :

$$U = 0$$

dans tout le corps.

Or, ceci est impossible, puisque l'on a :

$$\iiint U^2 \, d\tau = 1.$$

A, ne pouvant s'annuler, a un certain minimum. Soit U_1 la fonction qui correspond à ce minimum. Puisque, parmi toutes les fonctions U qui satisfont à l'équation :

$$B = 1$$

la fonction U_1 est celle qui rend A minimum, il faut que, quelle que soit la variation δU de U_1, pourvu qu'elle satisfasse à l'équation :

$$\delta B = 0$$

la variation δA correspondante soit nulle. Donc l'équation :

$$\delta A = 0$$

doit être une conséquence de :

$$\delta B = 0.$$

On a :

$$\frac{1}{2}\delta A = h\iint U\delta U\, d\omega + \iiint \sum \frac{dU}{dx}\cdot\frac{d}{dx}(\delta U)\, d\tau.$$

Or, on a, par le théorème de Green :

$$\iint \delta U \frac{dU}{dn}\, d\omega = \iiint \delta U.\Delta U.d\tau + \iiint \sum \frac{dU}{dx}\frac{d}{dx}\delta U\, d\tau.$$

D'où :

$$\frac{1}{2}\delta A = \iint \delta U\left(hU + \frac{dU}{dn}\right)d\omega - \iiint \delta U.\Delta U\, d\tau$$

On a, d'autre part :

$$\frac{1}{2}\delta B = \iiint U\delta U\, d\tau.$$

δA ne contient plus maintenant que la variation δU.

D'après les principes du calcul des variations, si pour $U = U_1$ l'équation :

$$\delta A = 0$$

est une conséquence de

$$\delta B = 0$$

on a nécessairement :

$$h U_1 + \frac{dU_1}{dx} = 0$$

à la surface, et :

$$k_1 U_1 + \Delta U_1 = 0$$

à l'intérieur, k_1 étant une certaine constante, qui, comme nous allons le montrer, est égale à la valeur de A correspondant à U_1.

En effet, reprenons la valeur de A :

$$A = h \iint U_1^2 \, d\omega + \iiint \left[\left(\frac{dU_1}{dx}\right)^2 + \left(\frac{dU_1}{dy}\right)^2 + \left(\frac{dU_1}{dz}\right)^2 \right] d\tau.$$

Appliquons le théorème de Green à l'intégrale triple :

$$\iiint \sum \left(\frac{dU_1}{dx}\right)^2 d\tau = \iint U_1 \frac{dU_1}{dn} \, d\omega - \iiint U_1 \Delta U_1 \, d\tau.$$

D'où il vient pour A :

$$A = \iint U_1 \left(\frac{dU_1}{dn} + h U_1\right) d\omega - \iiint U_1 \Delta U_1 \, d\tau$$

ou bien :

$$A = k_1 \iiint U_1^2 d\tau = k_1.$$

La constante k_1 est donc égale au minimum de A.

123. Considérons maintenant une fonction F satisfaisant aux conditions suivantes :

$$B = \iiint F^2 \, d\tau = 1$$

et :

$$C = \iiint F U_1 \, d\tau = 0$$

Parmi toutes les fonctions F satisfaisant à ces conditions, il en existe une qui rend minimum l'expression :

$$A = h \iint F^2 \, d\omega + \iiint \sum \left(\frac{dF}{dx}\right)^2 d\tau.$$

Soit U_2 cette fonction. De même que précédemment, il faudra que l'équation :

$$\delta A = 0$$

soit une conséquence des deux équations :

$$\delta B = 0$$

$$\delta C = 0.$$

On devra donc avoir identiquement :

$$\delta A = k_2 \, \delta B + 2l \, \delta C$$

k_2 et l étant des constantes, c'est-à-dire que l'on aura identiquement :

$$\iint \left(hU_2 + \frac{dU_2}{dn} \right) \delta U_2 \, d\omega = \iiint (\Delta U_2 + k_2 U_2 + l U_1) \, d\tau.$$

Ce qui exige que l'on ait à la surface :

$$\frac{dU_2}{dn} + hU_2 = 0$$

et à l'intérieur :

$$\Delta U_2 + k_2 U_2 + l U_1 = 0.$$

Nous allons calculer les constantes k_2 et l et montrer, tout d'abord, que l'on a :

$$l = 0.$$

Pour cela, appliquons la formule de Green aux fonctions U_1 et U_2 :

$$\iint \left(U_1 \frac{dU_2}{dn} - U_2 \frac{dU_1}{dn} \right) d\omega = \iiint (U_1 \Delta U_2 - U_2 \Delta U_1) \, d\tau.$$

Remplaçons $\frac{dU_1}{dn}, \frac{dU_2}{dn}$, ΔU_1 et ΔU_2 par leurs valeurs ; il vient :

$$(k_2 - k_1) \iiint U_1 U_2 \, d\tau + l \iiint U_1^2 \, d\tau = 0.$$

Or, comme l'on a :

$$\iiint U_1 U_2 \, d\tau = 0$$

et :

$$\iiint U_1^2 \, d\tau = 1,$$

on en conclut :

$$l = 0.$$

Donc U_2 satisfait à l'intérieur à la condition :

$$\Delta U_2 + k_2 U_2 = 0.$$

On verra comme précédemment que k_2 est la valeur de A correspondant à la fonction U_2.

D'après tout ce qui précède, on voit immédiatement que l'on a :

$$k_1 < k_2.$$

124. On définira de même la fonction U_3 qui sera assujettie aux conditions :

$$B = \iiint U_3^2 \, d\tau = 1$$

$$C = \iiint U_3 U_1 \, d\tau = 0$$

$$D = \iiint U_3 U_2 \, d\tau = 0.$$

Cette fonction U_3 satisfera aux deux équations :

$$\frac{dU_3}{dn} + h U_3 = 0$$

$$\Delta U_3 + k_3 U_3 = 0$$

la première équation ayant lieu à la surface, et la seconde à l'intérieur. On poursuivra de cette manière, et on définira en général la fonction harmonique U_p telle que :

$$\iiint U_p^2 \, d\tau = 1$$

$$\iiint U_1 U_p \, d\tau = 0$$

$$\cdot \quad \cdot \quad \cdot \quad \cdot \quad \cdot \quad \cdot \quad \cdot$$

$$\iiint U_{p-1} U_p \, d\tau = 0.$$

U_p satisfera aux deux équations:

$$\frac{dU_p}{dn} + hU_p = 0$$
$$\Delta U_p + k_p U_p = 0.$$

La démonstration que nous venons de donner de l'existence des fonctions U n'est pas absolument rigoureuse. Elle est sujette aux mêmes objections que la démonstration par laquelle Riemann a établi le principe de Dirichlet. J'ai, depuis la clôture de ce cours, donné une démonstration plus satisfaisante dans un mémoire intitulé : *Sur les Équations de la Physique Mathématique*, et inséré au tome VIII des *Rendiconti del Circolo Matematico di Palermo.*

125. Parallélipipède rectangle. — Nous allons déterminer les fonctions U dans le cas particulier du parallélipipède rectangle.

Soient:

$$x = \pm a$$
$$y = \pm b$$
$$z = \pm c$$

les six plans qui limitent le solide.

Je dis que l'on peut trouver des fonctions U de la forme:

$$U = \sin(\lambda_1 x + \mu_1) \sin(\lambda_2 y + \mu_2) \sin(\lambda_3 z + \mu_3)$$

On a dans ces conditions:

$$\frac{d^2U}{dx^2} = -\lambda_1^2 U$$
$$\frac{d^2U}{dy^2} = -\lambda_2^2 U$$
$$\frac{d^2U}{dz^2} = -\lambda_3^2 U$$

Donc :

$$\Delta U + (\lambda_1^2 + \lambda_2^2 + \lambda_3^2)\, U = 0.$$

Il s'agit de déterminer λ_1, λ_2, λ_3, μ_1, μ_2, μ_3, de façon à satisfaire aux équations à la surface :

$$\frac{dU}{dn} + hU = 0.$$

Pour $x = a$, on aura :

$$\frac{dU}{dn} = \frac{dU}{dx} = U.\lambda_1.\operatorname{cotg}(\lambda_1 a + \mu_1).$$

Il faut donc que l'on ait :

$$(1) \qquad \lambda_1 \operatorname{cotg}(\lambda_1 a + \mu_1) + h = 0$$

Pour $x = -a$, on a :

$$\frac{dU}{dn} = -\frac{dU}{dx} = -U\lambda_1 \operatorname{cotg}(-\lambda_1 a + \mu_1)$$

D'où la seconde condition :

$$(2) \qquad \lambda_1 \operatorname{cotg}(\lambda_1 a - \mu_1) + h = 0$$

La comparaison des deux équations (1) et (2) montre que μ_1 est un multiple de $\frac{\pi}{2}$; il suffit de lui donner les valeurs o et $\frac{\pi}{2}$.

Dans le premier cas, la fonction :

$$\sin(\lambda_1 x + \mu_1)$$

se réduit à $\sin \lambda_1 x$, et la constante λ_1 satisfait à l'équation :

$$(3) \qquad \lambda_1 + h \operatorname{tg} \lambda_1 a = 0.$$

Dans le second cas, on a la fonction :

$$\cos \lambda'_1 x$$

λ'_1 étant racine de l'équation :

$$(4) \qquad \lambda'_1 - h \operatorname{cotg} \lambda'_1 a = 0.$$

On verrait de même que les termes :

$$\sin(\lambda_2 y + \mu_2)$$
$$\sin(\lambda_3 z + \mu_3)$$

se réduisent respectivement à :

$$\sin \lambda_2 y \quad \text{ou} \quad \cos \lambda'_2 y$$
$$\sin \lambda_3 z \quad \text{ou} \quad \cos \lambda'_3 z$$

les λ satisfaisant à des équations analogues aux équations 3) et (4).

On voit que les fonctions U ainsi définies seront de huit formes différentes, selon qu'elles seront exprimées par un produit de cosinus, par un produit de sinus ou par un produit de sinus et de cosinus.

126. On peut se demander si l'on a bien ainsi toutes les solutions du problème.

Pour le voir, nous allons démontrer qu'une fonction quelconque V de x, y, z, définie à l'intérieur du parallélipipède, peut se développer en une série procédant suivant les fonctions U.

Considérons, d'abord, une fonction de la seule variable x définie entre $-a$ et $+a$.

On peut la décomposer en une somme de deux fonctions, dont l'une est paire et l'autre impaire.

La fonction impaire pourra se développer suivant les fonctions $\sin \lambda_1 x$, et cela d'une seule manière, comme on l'a vu à propos du refroidissement de la sphère ; l'équation (3) est, en effet, la même que celle que l'on rencontre dans l'étude du refroidissement de la sphère.

On verrait, par un procédé analogue, que la fonction paire peut se développer suivant les fonctions $\cos \lambda_1' x$ et d'une seule manière ; en effet, l'équation (4) est d'une forme analogue à celle de l'équation (3) et rentre dans la catégorie étudiée aux § 119 et suivants.

Appliquons ceci à la fonction V (x, y, z), en la considérant d'abord comme fonction de x. On pourra la développer, et cela d'une seule manière, en une série procédant suivant les fonctions :

$$\sin \lambda_1 x \qquad \text{et} \qquad \cos \lambda_1' x$$

Les coefficients de ce développement seront des fonctions de y et z définies dans le champ :

$$(-b \text{ à } +b) \qquad \text{et} \qquad (-c \text{ à } +c)$$

On considérera chacun de ces coefficients comme fonction de y, et on les développera suivant les fonctions :

$$\sin \lambda_2 y \qquad \text{et} \qquad \cos \lambda_2' y$$

On aura comme coefficients des fonctions de z définies de $-c$ à $+c$, que l'on développera suivant les fonctions :

$$\sin \lambda_3 z \qquad \text{et} \qquad \cos \lambda_3' z$$

On voit que, dans le cas particulier du parallélipipède rectangle, nous obtenons un développement bien défini de la fonction arbitraire V suivant les fonctions harmoniques U.

127. Je dis maintenant que le développement ainsi obtenu est *unique*. C'est là une propriété qui n'est pas spéciale au cas particulier du parallélipipède, mais qui est encore vraie dans le cas général.

Une fonction ne peut pas être développée de plusieurs manières en série de fonctions harmoniques.

En effet, il suffit de rappeler que nous avons démontré au § 121 que l'intégrale triple :

$$\iiint U_p U_q d\tau$$

étendue à tout le corps solide, est nulle si U_p n'est pas identique à U_q.

Considérons alors le développement :

$$V = \alpha_1 U_1 + \alpha_2 U_2 + \dots + \alpha_n U_n + \dots$$

Multiplions les deux membres par :

$$U_n d\tau$$

et intégrons dans tout le volume.

D'après ce qui précède, on a :

$$\iiint V U_n \, d\tau = \alpha_n \iiint U_n^2 \, d\tau.$$

Cette équation détermine complètement les coefficients α_n, ce qui montre que le développement est unique.

C. Q. F. D.

128. Revenons maintenant au cas du parallélipipède rectangle, et supposons que V soit une fonction harmonique satisfaisant aux conditions:

$$\frac{dV}{dn} + hV = 0$$

à la surface, et:

$$\Delta V + kV = 0$$

à l'intérieur, k étant une certaine constante.

Je dis que cette fonction V doit être identique à l'une des fonctions :

$$U_1, U_2, \dots U_n$$

définies au § 125.

D'après le théorème du n° 126, V, comme d'ailleurs une fonction quelconque, peut être développée en une série de la forme:

$$\alpha_1 U_1 + \alpha_2 U_2 + \dots$$

de sorte que l'on a:

$$V = \alpha_1 U_1 + \alpha_2 U_2 + \dots$$

Je dis que V doit être identique à l'un des termes $\alpha_i U_i$ de ce développement, les autres termes étant nuls.

En effet, s'il n'en était pas ainsi nous aurions deux développements différents d'une même fonction en série de fonctions harmoniques, car V, par hypothèse, de même que α_1, U_1, α_2, U_2 ... sont des fonctions harmoniques.

CHAPITRE XV

PROPRIÉTÉS DES FONCTIONS HARMONIQUES SOLUTION DU PROBLÈME GÉNÉRAL DU REFROIDISSEMENT

129. La fonction U satisfait, comme on l'a vu, aux conditions suivantes :

On a à l'intérieur :

$$\Delta U + kU = 0$$

et à la surface :

$$\frac{dU}{dn} + hU = 0.$$

Supposons que l'on fasse varier h.

Lorsque h devient égal à h', k devient égal à k', et U devient une certaine fonction U', telle que l'on ait :

$$\Delta U' + k'U' = 0$$

à l'intérieur, et :

$$\frac{dU'}{dn} + h'U' = 0$$

à la surface.

Appliquons le théorème de Green aux fonctions U et U' :

$$\iint \left(U \frac{dU'}{dn} - U' \frac{dU}{dn} \right) d\omega = \iiint (U \Delta U' - U' \Delta U) \, d\tau$$

ce qui donne :

$$(h - h') \iint UU' \, d\omega = (k - k') \iiint UU' \, d\tau.$$

Si h' est très voisin de h, U' est très voisin de U, et on aura à la limite :

$$\frac{dk}{dh} = \frac{\iint U^2 \, d\omega}{\iiint U^2 \, d\tau}$$

ce qui montre que $\frac{dk}{dh}$ est toujours positif.

Si donc, parmi les fonctions U, on en considère une de rang bien déterminé, la valeur correspondante de k est une fonction croissante de h.

130. Limites supérieures des quantités k. — Nous avons vu que k_1 est le minimum du rapport :

$$\frac{A}{B}$$

quand U varie de toutes les manières possibles. Il en résulte que, si on prend pour U une fonction quelconque, on aura :

$$k_1 < \frac{h \iint U^2 \, d\omega + \iiint \sum \left(\frac{dU}{dx} \right)^2 d\tau}{\iiint U^2 \, d\tau}.$$

Faisons par exemple :

$$U = 1.$$

On aura :

$$k_1 < \frac{hS}{W}$$

S représentant la surface du corps, et W son volume.

131. Nous allons maintenant chercher d'autres limites pour les quantités :

$$k_1, k_2, \dots k_n, \dots$$

Posons :

$$F = \alpha_1 F_1 + \alpha_2 F_2 + \dots + \alpha_n F_n$$

$F_1, F_2, \dots F_n$ étant des fonctions quelconques données à l'intérieur du volume; $\alpha_1, \alpha_2, \dots \alpha_n$ des coefficients arbitraires. Posons aussi :

$$A = h \int\int F^2 \, d\omega + \int\int\int \sum \left(\frac{dF}{dx}\right)^2 d\tau$$

$$B = \int\int\int F^2 \, d\tau$$

A et B seront des formes quadratiques par rapport aux quantités α ; elles seront, d'ailleurs, définies et positives.

Formons alors l'expression :

$$A - \lambda B$$

λ étant une nouvelle indéterminée. Si j'écris que le discriminant de cette forme quadratique est nul, j'obtiendrai une équation algébrique en λ de degré n, qui admettra n racines :

$$\lambda_1, \lambda_2, \dots \lambda_n.$$

D'après la théorie des formes quadratiques, on voit que, comme A et B sont des formes positives, l'équation en λ a ses racines réelles et positives.

Nous allons montrer que, en supposant les racines λ_1, λ_2, ... λ_n, rangées par ordre de grandeur croissante, on a :

$$
\begin{aligned}
k_1 &< \lambda_1 \\
k_2 &< \lambda_2 \\
&\dots\dots \\
k_n &< \lambda_n
\end{aligned}
$$

En effet, on sait qu'il est toujours possible d'effectuer une substitution telle que A et B prennent les formes suivantes :

$$
\begin{aligned}
A &= \lambda_1\beta_1^2 + \lambda_2\beta_2^2 + \dots + \lambda_n\beta_n^2 \\
B &= \beta_1^2 + \beta_2^2 + \dots + \beta_n^2
\end{aligned}
$$

β_1, β_2, ..., β_n étant des combinaisons linéaires et homogènes des α.

On aura dans ces conditions :

$$\frac{A}{B} = \frac{\lambda_1\beta_1^2 + \lambda_2\beta_2^2 + \dots + \lambda_n\beta_n^2}{\beta_1^2 + \beta_2^2 + \dots \beta_n^2}$$

Les fonctions $F_1F_2\dots F_n$ étant données, si les coefficients α varient de toutes les manières possibles, le rapport $\frac{A}{B}$ sera compris entre λ_1 et λ_n.

Or, le minimum absolu de ce rapport est k_1 ; il en résulte que l'on a : $k_1 < \lambda_1$.

En second lieu, remarquons que, le nombre des α étant n, on peut introduire entre ces quantités $(n - 1)$ relations linéaires ; nous prendrons, par exemple, les relations :

$$(1)\qquad \iiint FU_1\, d\tau = \dots = \iiint FU_{p-1}\, d\tau = 0$$

et :

$$(2)\qquad \beta_{p+1} = \beta_{p+2} = \dots = \beta_n = 0$$

On aura alors :

$$\frac{A}{B} = \frac{\lambda_1\beta_1^2 + \dots + \lambda_p\beta_p^2}{\beta_1^2 + \dots + \beta_p^2}$$

On voit que ce rapport est toujours inférieur à λ_p. Or, si nous observons que la fonction F est assujettie aux conditions (1), nous verrons que le rapport $\frac{A}{B}$ a pour minimum k_p (Cf. n° 124) ; il en résulte donc :

$$k_p < \lambda_p$$

Nous avons donc trouvé ainsi des limites supérieures pour ces quantités k.

132. Nous allons montrer maintenant qu'on peut trouver des limites inférieures pour ces quantités.

Considérons d'abord k_1. On a :

$$k_1 = \frac{\iiint \sum \left(\frac{dU_1}{dx}\right)^2 d\tau + h \iint U_1^2\, d\omega}{\iiint U_1^2\, d\tau}$$

On diminuera le second membre en remplaçant :

$$\sum \left(\frac{dU_1}{dx}\right)^2 \qquad \text{par} \qquad \left(\frac{dU_1}{dx}\right)^2$$

et :

$$d\omega \quad \text{par} \quad d\omega . \mid \cos \varphi \mid$$

φ étant l'angle que fait avec ox la normale à l'élément $d\omega$.

On aura donc :

$$k_1 > \frac{\iiint \left(\frac{dU_1}{dx}\right)^2 dx\, dy\, dz + h \iint U_1^2\, d\omega \mid \cos \varphi \mid}{\iiint U_1^2\, dx\, dy\, dz}$$

Nous décomposons le volume en cylindres parallèles à ox

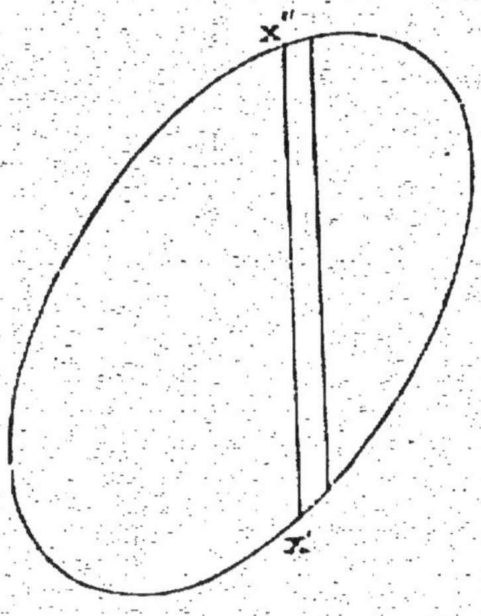

Fig. 29.

et de section infiniment petite. Cette section est d'ailleurs :

$$\mid dx\, dy \mid = d\omega \mid \cos \varphi \mid$$

On aura donc:

$$k_1 > \frac{\iint dy\, dz \left[\int_{x'}^{x''} \left(\frac{dU_1}{dx}\right)^2 dx + h\, (U_1'^2 + U_1''^2)\right]}{\iint dy\, dz \int_{x'}^{x''} U_1^2\, dx}$$

x' et x'' sont les abscisses des points où le cylindre infiniment petit coupe la surface du corps ;

U_1' et U_1'' sont les valeurs de U_1, correspondant à ces deux points.

Les intégrales doubles sont étendues à la partie du plan des yz limitée par le contour apparent du corps.

A chaque point de cette aire correspond une certaine valeur du rapport :

$$\frac{M}{N} = \frac{\int_{x'}^{x''} \left(\frac{dU_1}{dx}\right)^2 dx + h\,(U_1'^2 + U_1''^2)}{\int_{x'}^{x''} U_1^2\, dx}$$

et l'on voit que :

$$\frac{\int\int M dy\, dz}{\int\int N dy\, dz}$$

a une valeur comprise entre les valeurs extrêmes du rapport $\frac{M}{N}$.

Par suite, si on peut trouver un minimum pour le rapport $\frac{M}{N}$, ce sera *a fortiori* un minimum pour k_1.

Cherchons donc à déterminer la fonction U, telle que l'on ait :

$$N = \int_{x'}^{x''} U^2\, dx = 1$$

et qui rende minimum l'expression :

$$M = \int_{x'}^{x''} \left(\frac{dU}{dx}\right)^2 dx + h(U'^2 + U''^2).$$

Comme on l'a déjà vu, il faudra écrire que :

$$\delta M = 0$$

est une conséquence de :

$$\delta N = 0.$$

On a :

$$\frac{1}{2}\delta M = \int_{x'}^{x''} \frac{dU}{dx}\frac{d\delta U}{dx}dx + h\,[U'\delta U' + U''\delta U'']$$

et comme :

$$\int_{x'}^{x''} \frac{dU}{dx}\frac{d\delta U}{dx}dx = \left[\frac{dU}{dx}\delta U\right]_{x'}^{x''} - \int_{x'}^{x''}\frac{d^2U}{dx^2}\delta U\,dx,$$

on voit que l'équation :

$$\delta M = 0$$

s'écrit :

$$\delta U'\left[hU' - \frac{dU'}{dx'}\right] + \delta U''\left[hU'' + \frac{dU''}{dx''}\right] - \int_{x'}^{x''}\frac{d^2U}{dx^2}\delta U\,dx = 0.$$

Cette équation doit être une conséquence de :

$$\frac{1}{2}\delta N = \int_{x'}^{x''} U\delta U\,dx = 0.$$

On doit donc avoir :

$$\delta M = m^2 \delta N$$

car, pour que la variation de $\frac{M}{N}$ soit nulle, il faut que l'on ait:

$$\frac{\delta M}{\delta N} = \frac{M}{N} > 0.$$

On aura donc pour U les conditions :

$$\frac{d^2U}{dx^2} + m^2U = 0$$

pour les valeurs de x comprises entre x' et x''.

$$kU - \frac{dU}{dx} = 0 \qquad \text{pour } x = x'$$

$$kU + \frac{dU}{dx} = 0 \qquad \text{pour } x = x''$$

La fonction U sera de la forme :

$$\cos m(x - a).$$

On déterminera les deux constantes m et a par les conditions aux limites. Il est inutile de faire ici le calcul ; je me bornerai à observer que le minimum, que nous obtiendrons ainsi pour $\frac{M}{N}$, est d'autant plus petit que $x'' - x'$ est plus grand.

On voit donc qu'il est possible de déterminer un minimum de la quantité k.

133. On peut de même trouver une limite inférieure de k_2. En supposant, d'abord, $h = 0$, on trouve par une méthode fondée sur le même principe que la précédente :

$$k_2 > \frac{\alpha W}{\lambda^5}$$

α étant une certaine constante numérique ; W représentant le volume du corps ; et λ, sa plus grande dimension, c'est-à-dire la distance maxima de deux points du corps. (*American Journal of Math.*, tome XII.)

On trouverait également :

$$k_2 > \frac{16}{9\lambda_1^2}$$

(*Rendiconti del Circolo Matematico di Palermo*, t. VIII.)

Cette formule, démontrée pour $h = 0$, sera vraie, *a fortiori*, pour $h > 0$, puisque les quantités k croissent en même temps que h.

134. Nous allons montrer que, quelle que soit la valeur de h, les quantités k croissent indéfiniment avec l'indice n.

Posons :

$$F = \alpha_1 U_1 + \alpha_2 U_2 + \dots + \alpha_n U_n$$

et considérons la forme quadratique :

$$A = \iiint \sum \left(\frac{dF}{dx}\right)^2 d\tau + h \iint F^2 \, d\omega$$

qui peut s'écrire en transformant par la formule de Green :

$$A = \iint F \left(\frac{dF}{dn} + hF\right) d\omega - \iiint F \Delta F \, d\tau.$$

Et comme on a ici :

$$\frac{dF}{dn} + hF = 0$$

il vient :

$$A = -\iiint F \Delta F \, d\tau,$$

c'est-à-dire :

$$A = \iiint [\alpha_1 U_1 + \ldots + \alpha_n U_n]\,[\alpha_1 k_1 U_1 + \ldots + \alpha_n k_n U_n]\, d\tau$$

En tenant compte des relations auxquelles satisfont les fonctions U, ceci devient :

$$A = k_1\alpha_1^2 + k_2\alpha_2^2 + \ldots\ldots + k_n\alpha_n^2.$$

On a de même :

$$B = \iiint F^2\, d\tau.$$

D'où :

$$B = \alpha_1^2 + \alpha_2^2 + \ldots\ldots + \alpha_n^2.$$

On a donc:

$$\frac{A}{B} = \frac{k_1\alpha_1^2 + k_2\alpha_2^2 + \ldots\ldots + k_n\alpha_n^2}{\alpha_1^2 + \alpha_2^2 + \ldots\ldots + \alpha_n^2}.$$

On en conclut que, quelles que soient les quantités α, on a toujours:

$$\frac{A}{B} < k_n.$$

Nous allons maintenant chercher une limite inférieure du rapport $\frac{A}{B}$. Plaçons-nous d'abord dans le cas de $h = 0$.

Divisons le solide donné en $(n - 1)$ solides partiels ; nous considérerons chacun d'eux comme un solide de même conductibilité que le solide total, et dont la surface est imperméable à la chaleur.

On aura pour chacun de ces solides :

$$k_1 = 0,$$

et, par suite, la fonction U_1 correspondante sera une constante.

Désignons, d'une manière générale, par k_{2i}, U_{1i}, les valeurs particulières des expressions k_2, U_1, relatives au solide partiel de rang i ; et par A_i, B_i, les intégrales A et B étendues seulement à ce solide partiel.

Les quantités α étant au nombre de n, on peut les assujettir à $(n-1)$ relations linéaires quelconques.

J'obtiendrai $(n-1)$ relations de cette sorte en écrivant que l'intégrale :

$$\int\int\int F\, d\tau$$

est nulle lorsqu'on l'étend à chacun des $(n-1)$ solides partiels.

La fonction F ainsi déterminée satisfera à l'équation :

$$\int\int\int F U_{1i} d\tau = 0$$

l'intégrale étant étendue au solide partiel de rang i. Cela résulte de ce que U_{1i} est une constante.

Or, on sait que, quand F est assujettie à satisfaire à cette condition, le minimum de $\frac{A_i}{B_i}$ est alors k_{2i}.

Si donc on appelle k'_2 la plus petite des quantités k_{2i}, on aura :

$$\frac{A}{B} > k'_2$$

En comparant avec l'inégalité obtenue plus haut, on trouve :

$$k_n > k'_2.$$

On peut faire la décomposition en $(n-1)$ solides partiels d'une façon arbitraire, et si n est assez grand, on peut opérer de façon que la quantité $\frac{\alpha W}{\lambda^5}$ croisse au-delà de toute limite pour chacun des solides partiels.

Il en résulte que k_n croît au-delà de toute limite dans le cas de $h = 0$, et, par suite, *a fortiori* dans le cas de $h > 0$.

135. Solution du problème du refroidissement d'un corps. — Il nous reste à savoir comment on peut résoudre, à l'aide des fonctions U_i, le problème de Fourier.

Il s'agit de trouver une fonction V satisfaisant aux conditions :

$$\frac{dV}{dt} = \Delta V$$

à l'intérieur :

$$\frac{dV}{dn} + hV = 0$$

à la surface, et :

$$V = V_0(x, y, z)$$

pour $t = 0$.

Supposons que l'on ait réussi à développer V_0 en série procédant suivant les fonctions U_i.

Soit :

$$V_0 = A_1U_1 + A_2U_2 + \dots + A_nU_n + \dots$$

Je dis que la solution du problème sera :

$$V = A_1U_1\, e^{-k_1t} + A_2U_2\, e^{-k_2t} + \dots + A_nU_n\, e^{-k_nt} + \dots$$

On vérifie, en effet, que cette fonction satisfait aux conditions du problème si, bien entendu, on suppose remplies toutes les conditions de convergence.

Ainsi donc le problème est ramené à développer une fonction donnée $V_0(x, y, z)$ suivant les fonctions U.

Si le développement existe, on en pourra facilement trouver les coefficients. En effet, soit :

$$V_0 = A_1U_1 + \dots + A_nU_n + \dots$$

Multiplions par $U_n d\tau$, et intégrons. On aura :

$$A_n = \iiint V_0 U_n d\tau \tag{1}$$

Mais la possibilité du développement n'est pas établie d'une manière rigoureuse. Pour qu'elle le fût, il faudrait pouvoir démontrer que, si l'on pose :

$$V = A_1U_1\, e^{-k_1 t} + \dots + A_nU_n\, e^{-k_n t} + R \tag{2}$$

les coefficients A étant définis par l'équation (1), R tend vers zéro lorsque n croît indéfiniment. Or, ce point n'est pas démontré. Nous démontrerons seulement que :

$$\iiint R^2 d\tau$$

que l'on peut appeler la moyenne du carré de l'erreur commise, tend vers zéro.

136. Comme V, ainsi que chacun des n premiers termes du second membre de l'équation (2), satisfait aux équations:

$$\frac{dV}{dt} = \Delta V$$

$$\frac{dV}{dn} + hV = 0$$

on en conclut, d'après cette égalité (2), que R y satisfait également. On a donc :

$$\frac{dR}{dt} = \Delta R$$

à l'intérieur, et :

$$\frac{dR}{dn} + hR = 0$$

à la surface.

Je vais démontrer que l'on a :

$$\iiint RU_i d\tau = 0$$

pour toutes les valeurs de i inférieures ou égales à n.

En effet, multiplions les deux membres de l'égalité (2) par $U_i\, d\tau$, et intégrons, il vient :

$$J = \int\int\int VU_i\, d\tau = e^{-k_i t}. A_i + \int\int\int RU_i\, d\tau$$

ou, en remplaçant A_i par sa valeur :

$$J = e^{-k_i t} \int\int\int V_0 U_i\, d\tau + \int\int\int RU_i\, d\tau.$$

D'autre part, puisque l'on a :

$$J = \int\int\int VU_i\, d\tau$$

on en conclut :

$$\frac{dJ}{dt} = \iiint \frac{dV}{dt} \cdot U_i\, d\tau = \int\int\int \Delta V . U_i\, d\tau.$$

Cette dernière expression, transformée par la formule de Green, donne :

$$\frac{dJ}{dt} = \int\int\left(U_i \frac{dV}{dn} - V\frac{dU_i}{dn}\right) d\omega + \int\int\int V\Delta U_i \, d\tau.$$

L'intégrale double est nulle d'après les propriétés des fonctions V et U_i, il reste donc :

$$\frac{dJ}{dt} = \int\int\int V\Delta U_i \, d\tau$$

ou :

$$\frac{dJ}{dt} = -k_i \int\int\int VU_i \, d\tau = -k_i J.$$

On arrive ainsi à une équation différentielle entre J et t, d'où on tire :

$$J = J_0 \, e^{-k_i t} = e^{-k_i t} \int\int\int V_0 U_i \, d\tau.$$

Reportons ces valeurs dans l'égalité (3), elle devient :

$$\int\int\int RU_i \, d\tau = 0,$$

ce qu'il fallait démontrer.

137. Cela posé, considérons l'intégrale :

$$B = \int\int\int R^2 \, d\tau.$$

Dérivons par rapport à t. On a :

$$\frac{dB}{dt} = 2\iiint R.\frac{dR.}{dt}\,d\tau$$

$$= 2\iiint R.\Delta R\,d\tau$$

$$= -2\left[\iiint \sum \left(\frac{dR}{dx}\right)^2 d\tau + h\iint R^2\,d\omega\right]$$

$$\frac{dB}{dt} = -2A$$

A et B ont la même signification que dans tous les développements précédents. Or, on voit ici que $\frac{A}{B}$ a pour minimum k_{n+1}.

On a donc :

$$\frac{dB}{dt} < -2k_{n+1}B.$$

D'où l'on conclut aisément :

$$B < B_0\,e^{-2k_{n+1}t}$$

B_0 représentant la valeur de B pour $t = o$.

Or, pour $t = o$, on a :

$$V_0 = A_1U_1 + \dots + A_nU_n + R_0.$$

Élevons au carré et intégrons, il vient :

$$\iiint V_0^2\,d\tau = A_1^2 + A_2^2 \dots + A_n^2 + B_0.$$

On en conclut :

$$B_0 < \iiint V_0^2\,d\tau.$$

D'où enfin :

$$\int\int\int R^2\, d\tau < e^{-2k_{n+1}t}\int\int\int V_0^2\, d\tau.$$

Or, on peut prendre n assez grand pour que k_{n+1} soit aussi grand que l'on veut. Donc :

$$\int\int\int R^2\, d\tau.$$

tend vers zéro.

138. Généralisation de la méthode de Cauchy. — La possibilité du développement, suivant les fonctions U d'une fonction arbitraire V_0 définie à l'intérieur d'un solide, n'est pas démontrée.

Nous allons donner un aperçu d'une méthode que l'on pourrait essayer d'employer pour établir ce point.

Admettons, d'abord, la possibilité de ce développement, et soit :

$$V_0 = A_1U_1 + \ldots + A_nU_n + \ldots = \Sigma\, A_nU_n.$$

Cherchons une fonction S telle que l'on ait, ξ étant une constante :

$$\Delta S + \xi S = V_0$$

à l'intérieur, et :

$$\frac{dS}{dn} + hS = 0$$

à la surface.

On aura :

$$S = \sum B_nU_n.$$

D'où :

$$\Delta S = -\sum B_n k_n U_n.$$

On devra donc avoir :

$$\sum B_n (\xi - k_n) U_n = \sum A_n U_n.$$

D'où l'on déduit :

$$B_n = \frac{A_n}{\xi - k_n}$$

et, par suite :

$$S = \sum \frac{A_n U_n}{\xi - k_n}.$$

Si l'on considère S comme fonction de ξ, et que l'on donne à ξ des valeurs réelles ou imaginaires, S sera une fonction méromorphe de ξ, et l'on aura :

$$\xi S = \sum A_n U_n \frac{\xi}{\xi - k_n}.$$

Par suite, lorsque ξ croît indéfiniment :

$$\lim (\xi S) = \sum A_n U_n = V_0.$$

Donc :

$$S \sim \frac{V_0}{\xi}.$$

139. Nous allons maintenant renverser l'ordre des considérations qui précèdent; nous chercherons à démontrer qu'il existe des fonctions S satisfaisant aux conditions :

$$\Delta S + \xi S = V_0$$

à l'intérieur, et :

$$\frac{dS}{dn} + hS = 0$$

à la surface.

Remarquons, d'abord, que, si ξ n'est pas égal à l'une des quantités k_n, il ne pourra y avoir qu'une solution.

En effet, s'il y avait deux solutions S et S + T, on aurait

$$\Delta T + \xi T = 0$$
$$\frac{dT}{dn} + hT = 0$$

et il faudrait pour cela que ξ fût égal à l'une des quantités k.

Si l'on a :

$$\xi = k_n,$$

je dis qu'en général il n'y a pas de solution. En effet, appliquons le théorème de Green aux deux fonctions S et U_n. On a :

$$\iint \left(S \frac{dU_n}{dn} - U_n \frac{dS}{dn} \right) d\omega = \iiint (S\Delta U_n - U_n \Delta S)\, d\tau.$$

En remplaçant par leurs valeurs les fonctions :

$$\frac{dU_n}{dn}, \qquad \frac{dS}{dn}, \qquad \Delta U_n \quad \text{et} \quad \Delta S,$$

on obtient la condition :

$$\iiint U_n V_0 \, d\tau = 0,$$

qui n'est évidemment pas remplie en général. Si elle se trouve remplie, il y aura une infinité de solutions, car on pourra ajouter à la fonction trouvée la fonction U_n multipliée par une constante quelconque.

Le point important à établir serait de démontrer qu'il y a une solution lorsque ξ est différent de k_n.

Les démonstrations que l'on fonderait sur les maxima et minima des intégrales définies ne sont pas rigoureuses. On pourrait trouver une démonstration plus rigoureuse en employant une méthode analogue à celle de M. Schwarz pour l'équation de Laplace. Une fois l'existence de S établie, on démontrerait que c'est une fonction méromorphe de ξ.

On cherchera la valeur asymptotique de S, et on verra que c'est $\frac{V_0}{\xi}$.

140. Les points singuliers de S sont les points $\xi = k_n$, et ce sont des pôles simples. On en cherchera les résidus ; pour cela on posera :

$$S = \frac{T}{\xi - k_n}$$

et la limite de T lorsque ξ tend vers k_n sera le résidu correspondant.

On aura :

$$\Delta T + \xi T = (\xi - k_n) V_0.$$

Par suite, à la limite :

$$\Delta T + k_n T = 0,$$

ce qui montre que l'on a :

$$T = \alpha_n U_n$$

α_n étant une certaine constante qu'il reste à déterminer.

Pour cela servons-nous de la relation obtenue déjà plus haut par le théorème de Green :

$$\int\int\int (S\Delta U_n - U_n\Delta S)\, d\tau = 0$$

qui devient, en remplaçant ΔU_n et ΔS par leurs valeurs :

$$\int\int\int U_n S\,(\xi - k_n)\, d\tau = \int\int\int U_n V_0\, d\tau$$

c'est-à-dire :

$$\int\int\int U_n T\, d\tau = \int\int\int U_n V_0\, d\tau$$

ou, lorsque ξ tend vers k_n :

$$\alpha_n \int\int\int U_n^2\, d\tau = \int\int\int U_n V_0\, d\tau$$

ou, enfin :

$$\alpha_n = \int\int\int U_n V_0\, d\tau.$$

Ceci posé, on formera l'intégrale :

$$\frac{1}{2i\pi}\int S d\xi$$

prise le long d'un cercle de rayon infiniment grand, elle sera égale à V_0, puisque la valeur asymptotique de S est $\frac{V_0}{\xi}$; d'autre part, cette intégrale est égale à la somme des résidus de la fonction S ; on en déduit le développement de V_0 suivant les fonctions U. Tout cela n'est qu'un aperçu absolument dépourvu de rigueur. Ici encore je renverrai au mémoire cité du *Circolo Matematico*.

141. Comparaison avec la méthode de Cauchy. — Il y a une grande analogie entre cette méthode et la méthode de Cauchy pour le développement des fonctions suivant des exponentielles dont les exposants satisfont à une certaine équation transcendante (chapitre XIII).

Comparons, par exemple, les deux méthodes dans le cas particulier du refroidissement de la sphère, lorsque la température initiale ne dépend que de r.

Les fonctions U sont, dans ce cas, de la forme :

$$U_n = \frac{\sin \mu_n r}{r}$$

μ_n satisfaisant à l'équation :

$$\operatorname{tg} \mu = A\mu.$$

On voit que l'on a dans ce cas :

$$k_n = \mu_n^2.$$

Par suite, si l'on a :

$$f(r) = \sum \frac{B_n \sin \mu_n r}{r}$$

on aura :

$$S = \frac{1}{r} \sum B_n \frac{\sin \mu_n r}{\xi - \mu_n^2}$$

Voyons maintenant ce que devient ici la fonction R que nous avons employée dans la méthode de Cauchy.

On connaît les pôles μ de la fonction R_1 et le résidu correspondant à un pôle μ est précisément le terme en $e^{i\mu r}$

du développement de $f(r)$ suivant les fonctions $\frac{\sin \mu r}{r}$. Or, comme l'on a :

$$f(r) = \sum \frac{1}{r} B_n \sin \mu_n r$$
$$= \sum \frac{B_n}{2ir} e^{i\mu_n r} - \sum \frac{B_n}{2ir} e^{-i\mu_n r}$$

on en conclut :

$$R(z) = \sum \left[\frac{B_n}{2ir} \frac{e^{i\mu_n r}}{z - \mu_n} - \frac{B_n}{2ir} \frac{e^{-i\mu_n r}}{z + \mu_n} \right]$$
$$R(z) = \sum \frac{B_n}{r} \cdot \frac{z \sin \mu_n r - i\mu \cos \mu_n r}{z^2 - \mu_n^2}$$

On a par suite :

$$R(-z) = \sum \frac{B_n}{r} \cdot \frac{-z \sin \mu_r - i\mu_r \cos \mu_r}{z^2 - \mu_r^2}$$

On a donc :

$$\frac{R(z) - R(-z)}{2z} = \sum \frac{B_n}{r} \frac{\sin \mu_n}{z^2 - \mu_n^2} = S(z^2)$$

On voit donc que les deux fonctions R et S se ramènent l'une à l'autre.

CHAPITRE XVI

PROBLÈME GÉNÉRAL DU REFROIDISSEMENT DE LA SPHÈRE
FONCTIONS SPHÉRIQUES. — SÉRIE DE LAPLACE

142. Nous allons traiter le problème du refroidissement d'une sphère de rayon 1, lorsque la température est distribuée d'une manière quelconque dans le corps.

La solution de ce problème se rattache à l'étude des fonctions sphériques.

143. Polynômes sphériques. — Nous appellerons polynôme sphérique d'ordre n un polynôme Π_n de degré n, entier et homogène par rapport à x, y, z, tel que l'on ait :

$$\Delta\Pi_n = 0.$$

Un polynôme homogène de degré n à trois variables contient $\frac{(n+1)(n+2)}{2}$ coefficients arbitraires.

$\Delta\Pi_n$ qui est de degré $(n-2)$ contiendra $\frac{n(n-1)}{2}$ coefficients.

Si Π_n est un polynôme sphérique, le nombre des coefficients arbitraires sera donc :

$$\frac{(n+1)(n+2)}{2} - \frac{n(n-1)}{2} = 2n+1$$

On voit donc qu'il existera $(2n+1)$ polynômes sphériques de degré n linéairement indépendants.

144. Fonctions sphériques. — Passons maintenant aux coordonnées polaires en posant :

$$x = r \sin\theta \cos\varphi$$
$$y = r \sin\theta \sin\varphi$$
$$z = r \cos\theta.$$

On aura :

$$(1) \qquad \Pi_n = r^n X_n$$

X_n étant une certaine fonction de θ et φ que nous appellerons fonction sphérique.

On a l'identité :

$$(2) \qquad \frac{d\Pi_n}{dr} = nr^{n-1} X_n$$

Si, dans les équations (1) et (2), on fait :

$$r = 1$$

elles deviennent :

$$\Pi_n = X_n$$
$$\frac{d\Pi_n}{dn} = nX_n$$

$\frac{d\Pi}{dn}$ étant la dérivée suivant la normale extérieure.

Considérons maintenant deux polynômes sphériques

d'ordres différents : Π_n et Π_m, et appliquons-leur la formule de Green :

$$\iint\left(\Pi_n \frac{d\Pi_m}{dr} - \Pi_m \frac{d\Pi_n}{dr}\right) d\omega = \iiint(\Pi_n \Delta\Pi_m - \Pi_m \Delta\Pi_n)\, d\tau$$

Le second membre est nul, et le premier se réduit à :

$$(m-n)\iint X_n X_m d\omega.$$

Il en résulte que :

$$\iint X_n X_m d\omega = 0$$

145. Série de Laplace. — De même que nous avons démontré la possibilité du développement d'une fonction arbitraire d'une variable en série de Fourier, nous allons démontrer qu'une fonction arbitraire des deux angles θ et φ peut être représentée par une série procédant suivant les fonctions sphériques.

Avant de donner une démonstration rigoureuse, nous allons exposer la méthode par laquelle Laplace a été conduit à ce résultat.

Considérons une sphère de rayon 1, et supposons qu'à sa surface soit répandue, suivant une loi quelconque, une matière attirante ; soit V sa densité superficielle.

Considérons un point M non situé sur la surface. Soient x, y, z ses coordonnées rectangulaires ; r, φ, θ, ses coordonnées polaires.

Soit M (x', y', z') un point quelconque de la surface ; ses coordonnées polaires sont :

$$1, \quad \theta', \quad \varphi'$$

Si γ représente l'angle $\widehat{MOM'}$ (*fig.* 30), on aura par la trigonométrie sphérique :

$$\cos\gamma = \cos\theta\cos\theta' + \sin\theta\sin\theta'\cos(\varphi - \varphi')$$

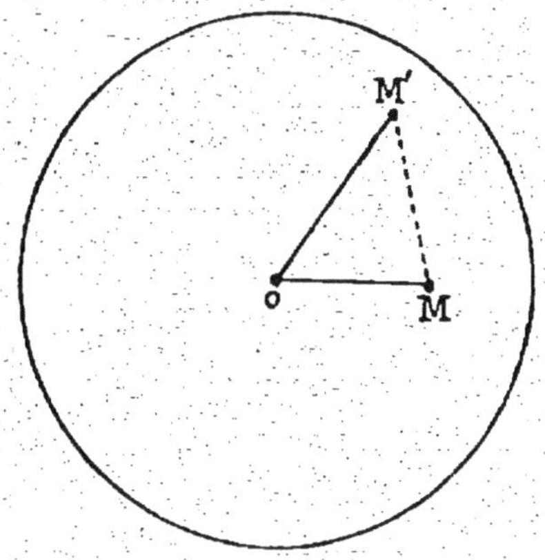

FIG. 30.

et, si ρ représente la distance MM', on aura :

$$\rho^2 = (x - x')^2 + (y - y')^2 + (z - z')^2$$

ou :

$$\rho^2 = 1 - 2r\cos\gamma + r^2.$$

Nous allons chercher le potentiel U de la couche attractive au point M.

En appelant $d\omega$ l'élément de surface, dont le centre est en M', on aura :

$$U = \iint \frac{V\,d\omega}{\rho}.$$

Supposons, d'abord, que M soit à l'intérieur de la sphère; dans ce cas, l'expression:

$$\frac{1}{\rho} = [1 - 2r\cos\gamma + r^2]^{-\frac{1}{2}}$$

pourra se développer suivant les puissances croissantes de r, puisque l'on a :

$$r < 1.$$

Soit:

$$\frac{1}{\rho} = \sum P_n r^n$$

ce développement. On aura :

$$(3) \qquad U = \sum r^n \int\int V.P_n d\omega,$$

P_n est une fonction de γ et, par conséquent, de θ, φ, θ', φ'.

Considérons P_n comme fonction de θ et φ; nous allons démontrer que c'est une fonction sphérique.

On a, en effet:

$$\frac{1}{\rho} = [(x - x')^2 + (y - y')^2 + (z - z')^2]^{-\frac{1}{2}}.$$

Comme l'on a :

$$x^2 + y^2 + z^2 < x'^2 + y'^2 + z'^2$$

on pourra développer suivant les puissances croissantes de x, y, z.

Soit :

$$(4) \qquad \frac{1}{\rho} = H_0 + H_1 + H_2 + \ldots + H_n + \ldots$$

H_n étant un polynôme homogène de degré n en x, y, z.

Je dis que Π_n est un polynôme sphérique. En effet, on a :

$$\Delta \frac{1}{\rho} = 0.$$

Donc :

$$\Delta\Pi_0 + \Delta\Pi_1 + \dots + \Delta\Pi_n + \dots = 0.$$

Comme le premier membre est une suite de polynômes de degrés différents, on doit avoir séparément :

$$\Delta\Pi_0 = \Delta\Pi_1 = \dots = \Delta\Pi_n = \dots = 0.$$

Pour passer de ce développement en x, y, z au développement précédent, il suffira de transformer en coordonnées polaires. On voit que :

$$\Pi_n = P_n . r^n.$$

Ce qui montre que P_n est une fonction sphérique de θ et φ.

On verrait de même qu'en posant :

$$X_n = \int\int V P_n \, d\omega$$

X_n sera également une fonction sphérique de θ et de φ, et l'on aura :

$$U = \sum r^n X_n.$$

146. Si maintenant on suppose que le point M soit extérieur à la sphère, on aura un résultat tout à fait analogue en développant $\frac{1}{\rho}$ suivant les puissances croissantes de $\frac{1}{r}$, ce qui donnera :

$$\frac{1}{\rho} = r^{-1}\left[1 - \frac{2}{r}\cos\gamma + \frac{1}{r^2}\right]^{-\frac{1}{2}} = \sum \frac{P_n}{r^{n+1}}$$

et :

$$U = \sum \frac{X_n}{r^{n+1}}.$$

Si on considère la composante de l'attraction suivant le rayon vecteur, on a pour le point intérieur :

$$(4) \qquad \frac{dU}{dr} = \sum nr^{n-1} X_n$$

et, pour le point extérieur :

$$(5) \qquad \frac{dU}{dr} = -\sum (n+1) \frac{X_n}{r^{n+2}}.$$

Soient, d'autre part, μ et μ' deux points situés, le premier à l'intérieur, le second à l'extérieur de la surface attirante. Soient α et α' les valeurs de $\frac{dU}{dr}$ en ces deux points.

On sait que, si les deux points se rapprochent indéfiniment, on a à la limite :

$$(6) \qquad \alpha - \alpha' = 4\pi V,$$

V étant la valeur de la densité au point de la surface qui est la position limite de μ et μ'.

Faisons donc tendre r vers l'unité ; l'équation (6) nous donne à la limite :

$$\sum nX_n - \sum -(n+1) X_n = 4\pi V.$$

D'où :

$$V = \sum \frac{2n+1}{4\pi} X_n.$$

C'est ainsi que Laplace a été conduit à cette série.

147. Démonstration de Dirichlet. — La démonstration que nous venons de donner n'est évidemment pas rigoureuse ; Dirichlet a, le premier, donné une démonstration satisfaisante. C'est, d'ailleurs, cette démonstration que nous allons reproduire, mais en y introduisant d'assez profondes modifications. Avant de l'aborder nous devons d'abord résoudre le problème suivant :

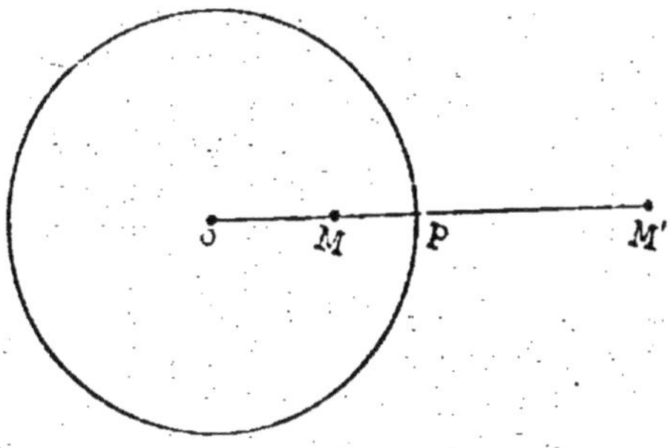

Fig. 31.

Trouver une fonction W de r, θ et φ qui se réduise à V à la surface de la sphère, et qui à l'intérieur de la sphère satisfasse à l'équation $\Delta W = 0$. C'est le problème de Dirichlet.

Considérons sur un rayon OP (*fig.* 31) deux points M et M' à des distances du centre r et r', telles que l'on ait :

$$rr' = 1$$

Soient : V, la valeur de la fonction donnée en P, U, le potentiel en M ; U', le potentiel en M', qui résulteraient d'une matière de densité, V répartie sur la surface.

Si on considère les composantes de l'attraction dirigées suivant le rayon vecteur, on a :

$$(7) \qquad \lim\left(\frac{dU}{dr} - \frac{dU'}{dr'}\right) = 4\pi V.$$

On a :

$$U = \sum X_n r^n,$$

$$U' = \sum \frac{X_n}{r'^{n+1}} = \sum X_n r^{n+1} = rU.$$

On en conclut :

$$\frac{dU'}{dr'} = -\frac{dU'}{dr} r^2$$
$$= -r^3 \frac{dU}{dr} - r^2 U.$$

Donc l'égalité (7) devient :

$$\text{(8)} \qquad \lim \left[\frac{dU}{dr} + r^3 \frac{dU}{dr} + r^2 U\right] = 4\pi V.$$

Considérons la fonction W définie par l'équation :

$$4\pi W = 2r \frac{dU}{dr} + U.$$

On sait qu'à l'intérieur de la sphère on a :

$$\Delta U = 0.$$

On en déduira aisément :

$$\Delta\left(r \frac{dU}{dr}\right) = 0$$

et, par suite :

$$\Delta W = 0.$$

Ceci posé, l'équation (8) peut s'écrire :

$$\lim \left[4\pi W + \frac{dU}{dr}(1 + r^3 - 2r) + U(r^2 - 1)\right] = 4\pi V$$

lorsque r tend vers 1.

Par conséquent :

$$\lim W = V$$

W est donc la solution du problème de Dirichlet pour la sphère.

148. On a posé :

$$4\pi W = 2r \frac{dU}{dr} + U$$

et comme on a :

$$U = \int\int \frac{V\, d\omega}{\rho}$$

on en conclut :

$$\frac{dU}{dr} = \int\int \frac{V\, d\omega}{\rho^3} (\cos\gamma - r).$$

D'où :

$$4\pi W = \int\int \frac{V\,(1 - r^2)}{\rho^3}\, d\omega.$$

D'autre part, on a, à l'intérieur :

$$U = \sum X_n r^n$$

et, par suite :

$$r \frac{dU}{dr} = \sum n\, X_n r^n.$$

Donc :

$$W = \sum \frac{2n + 1}{4\pi} X_n r^n.$$

Ce développement est valable à l'intérieur de la sphère ;

s'il était valable sur la surface, on aurait :

$$V = \sum \frac{2n+1}{4\pi} X_n$$

C'est ce qu'il s'agit de démontrer.

149. Nous allons considérer U et W comme des fonctions de r, en regardant pour un instant θ et φ comme des constantes et en donnant à r des valeurs réelles ou imaginaires.

Lorsque r est réel et inférieur à 1, nous venons de voir que ces fonctions sont développables en séries procédant suivant les puissances croissantes de r ; le rayon de convergence est donc au moins égal à 1.

Nous allons chercher si les développements sont encore valables lorsque le module de r est égal à 1.

Nous sommes donc conduits à nous poser la question suivante :

Étant donnée une fonction W (r) holomorphe à l'intérieur d'un cercle de rayon 1 et développable, par conséquent, suivant les puissances croissantes de r pour $|r| < 1$, quelle est la condition pour que le développement soit encore valable sur la circonférence de rayon 1 elle-même, c'est-à-dire pour :

$$r = e^{i\psi}$$

ψ étant réel ?

Soit donc :

$$W = \sum A_n r^n \tag{1}$$

J'observe d'abord que, si sur la circonférence W est

développable par la série de Fourier, sous la forme :

$$(2) \qquad W = \sum B_n e^{in\psi} + \sum C_n e^{-in\psi}$$

les deux développements doivent être identiques, c'est-à-dire que l'on doit avoir :

$$B_n = A_n, \qquad C_n = o.$$

On a en effet :

$$(3) \qquad \begin{aligned} B_n &= \int_0^{2\pi} \frac{W e^{-in\psi} d\psi}{2\pi} = \int \frac{W dr}{2i\pi r^{n+1}} = A_n \\ C_n &= \int_0^{2\pi} \frac{W e^{in\psi} d\psi}{2\pi} = \int \frac{W dr r^{n-1}}{2i\pi} = o \end{aligned}$$

Les intégrales :

$$\int \frac{W dr}{2i\pi r^{n+1}}, \qquad \int \frac{W dr r^{n-1}}{2\pi}$$

doivent être prises le long de la circonférence de rayon 1 ; elles sont donc égales par le théorème de Cauchy à la somme des résidus des fonctions :

$$\frac{W}{r^{n+1}}, \qquad W r^{n-1}$$

relatifs aux pôles situés à l'intérieur du cercle de rayon 1.

La première n'a qu'un pôle, $r = o$, avec le résidu A_n ; la seconde n'en a aucun.

Les égalités (3) sont donc démontrées.

150. Nous sommes ainsi conduits à nous poser la question suivante. Quelles sont les conditions que doit remplir la fonction W pour être développable en série de Fourier quand on fait $r = e^{i\psi}$.

Je suppose que la fonction W reste finie et satisfasse aux conditions de Dirichlet, sauf pour un nombre *fini* de valeurs de ψ que j'appellerai *points singuliers*. En un point singulier, W pourra cesser de satisfaire aux conditions de Dirichlet ou même devenir infinie; mais l'intégrale:

$$\int |W|\, d\psi$$

devra rester finie.

S'il en est ainsi, je dis que la fonction W est développable en série de Fourier. Pour montrer que la démonstration de Fourier est encore applicable, il suffit évidemment de prouver que l'intégrale de Dirichlet:

$$J = \int_0^{2\pi} W(\psi) \frac{\sin \frac{2n+1}{2}(\psi - \psi_0)}{\sin \frac{1}{2}(\psi - \psi_0)} d\psi$$

tend vers $\pi W(\psi_0)$ quand n croît indéfiniment.

Je supposerai un seul point singulier ψ_1 (la démonstration serait la même dans le cas où il y en aurait plusieurs), et je supposerai de plus pour fixer les idées $\psi_1 > \psi_0$.

Je partagerai l'intégrale J en trois intégrales partielles:

$$J = J_0 + J_1 + J_2;$$

$$J_0 = \int_0^{\psi_1 - \varepsilon}; \qquad J_1 = \int_{\psi_1 - \varepsilon}^{\psi_1 + \varepsilon}; \qquad J_2 = \int_{\psi_1 + \varepsilon}^{2\pi}$$

Le théorème de Dirichlet (§ 41) nous apprend que, *quel*

que soit ε, J_0 tend vers $\pi W(\psi_0)$, et J_2 vers 0 quand n croît indéfiniment.

Nous supposerons que l'on prend toujours $\varepsilon < \varepsilon_0$, ε_0 étant une quantité fixe plus petite que $\psi_1 - \psi_0$; on aura alors entre les limites de l'intégrale J_1 :

$$\left| \sin \frac{1}{2}(\psi - \psi_0) \right| > \frac{1}{M}.$$

M étant un nombre fixe, d'où :

$$(1) \qquad | J_1 | < M \int_{\psi_1 - \varepsilon}^{\psi_1 + \varepsilon} | W | \, d\psi.$$

D'après les hypothèses faites, le second membre de l'inégalité (1), d'ailleurs indépendant de n, tend vers 0 avec ε.

Voici donc comment on pourra conduire la démonstration.

Je veux démontrer qu'on peut prendre n assez grand pour que :

$$(2) \qquad | J - \pi W(\psi_0) | < \eta$$

quel que petit que soit η.

Pour cela je prendrai d'abord ε assez petit pour que :

$$M \int_{\psi_1 - \varepsilon}^{\psi_1 + \varepsilon} | W | \, d\psi < \frac{\eta}{3},$$

d'où :

$$| J_1 | < \frac{\eta}{3}.$$

Le nombre ε étant désormais fixe, je prendrai n assez grand pour que :

$$| J_0 - \pi W(\psi_0) | < \frac{\eta}{3}$$

$$| J_2 | < \frac{\eta}{3}$$

ce qui entraînera l'inégalité (2).

151. Il ne me reste donc plus qu'à étudier les singularités que peut présenter la fonction W, définie au § 147, pour $r = e^{i\psi}$.

Les conditions auxquelles doit satisfaire la fonction V n'ont pas été définies par Dirichlet avec la même précision que pour la série de Fourier ; nous supposerons dans ce qui suit que l'on puisse diviser la surface de la sphère en régions $R_1, R_2, \ldots, R_n$, séparées les unes des autres par des courbes formées d'un nombre fini d'arcs analytiques ; dans chacune de ces régions la fonction V sera finie, continue, et possédera des dérivées du premier ordre par rapport à θ et φ ; mais elle pourra éprouver des variations brusques quand on passera d'une région à l'autre.

Soit M un point intérieur à la sphère, à la distance r du centre.

Prolongeons OM jusqu'au point de rencontre P avec la sphère.

Nous prendrons, comme courbes de coordonnées sur la sphère, des petits cercles de pôle P et des grands cercles passant par le point P et son antipode.

Un point M′ de la sphère sera défini par l'angle $\widehat{POM'} = \gamma$ et par l'angle α du grand cercle PM′ avec un grand cercle fixe pris pour origine et passant par P.

Dans ces conditions, l'élément de surface de la sphère sera :

$$d\omega = \sin\gamma \, d\gamma \, d\alpha.$$

Reprenons la fonction U dont nous nous sommes déjà servis précédemment :

$$U = \iint \frac{V \sin\gamma \, d\gamma \, d\alpha}{\rho},$$

il faudra intégrer par rapport à α de o à 2π, et par rapport à γ de o à π.

Posons alors :

$$F(\gamma) = \int_0^{2\pi} V\, d\alpha.$$

On aura :

$$U = \int_0^{\pi} \frac{F(\gamma) \sin\gamma\, d\gamma}{\rho}.$$

152. La fonction $F(\gamma)$ est une intégrale prise le long d'un petit cercle de pôle P ; ce petit cercle pourra : ou bien se trouver tout entier à l'intérieur d'une seule région, comme

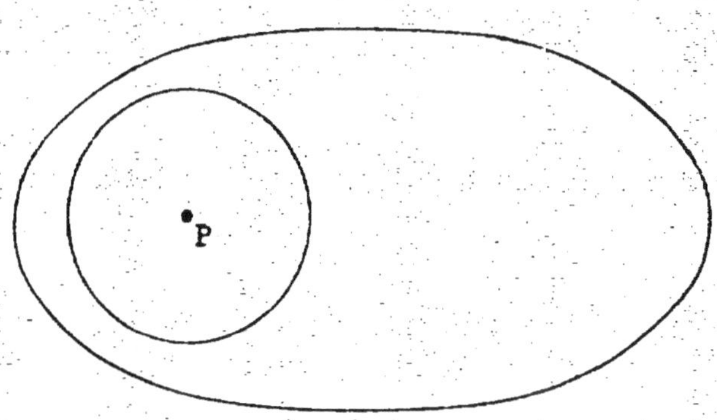

FIG. 32.

dans la figure 32, ou bien être composé de plusieurs arcs situés dans des régions différentes.

Dans ce dernier cas, nous décomposerons l'intégrale $F(\gamma)$ en intégrales partielles relatives à ces différents arcs.

Soit, par exemple :

$$F_1(\gamma) = \int_{\alpha_1}^{\alpha_2} V\, d\alpha$$

l'intégrale relative à l'axe $\alpha_1\alpha_2$ (*fig.* 33). On aura :

$$F(\gamma) = \sum F_1(\gamma).$$

Dans le même ordre d'idées, on décomposera U en un certain nombre d'intégrales partielles étendues chacune à une

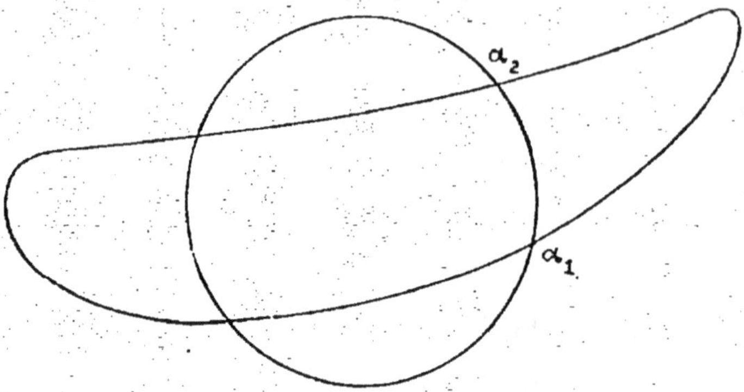

FIG. 33.

certaine région; chacune de ces intégrales sera de la forme :

$$\int_{\gamma_0}^{\gamma_1} \frac{F_1(\gamma) \sin \gamma \, d\gamma}{\rho},$$

$F_1(\gamma)$ étant une intégrale dont les limites α_1 et α_2 varient avec γ.

153. Envisageons F comme fonction de γ. Nous allons étudier d'abord les singularités de la fonction $F(\gamma)$; ce sera, en général, une fonction continue, car en général α_1 et α_2 varieront d'une manière continue. Il y aura exception lorsque, parmi les arcs qui limitent la région considérée, figurera un arc de petit cercle ayant son pôle en P.

Il y aura dans ce cas une variation brusque des limites de l'intégrale.

Je dis qu'en général $F(\gamma)$ a une dérivée finie, même pour les valeurs imaginaires de r; on a en effet :

$$F'(\gamma) = \int_{\alpha_1}^{\alpha_2} \frac{dV}{d\gamma} \, d\alpha + \frac{d\alpha_2}{d\gamma} V_2 - \frac{d\alpha_1}{d\gamma} V_1.$$

L'intégrale est toujours finie, car j'ai supposé qu'à l'intérieur d'une même région V avait des dérivées du premier ordre finies. $F'(\gamma)$ ne peut donc devenir infinie que si l'une des quantités $\frac{d\alpha_1}{d\gamma}$, $\frac{d\alpha_2}{d\gamma}$ devient elle-même infinie, ce qui arrive si le petit cercle devient tangent au contour qui limite la région.

D'ailleurs, en ces points, $F'(\gamma)$ devient, si le contact est du premier ordre, infini de l'ordre de :

$$\frac{1}{\sqrt{\gamma - \gamma_0}}$$

en appelant γ_0 la valeur de γ qui rend $F'(\gamma)$ infinie.

Si le contact du petit cercle avec le contour de la région est d'ordre n, $F'(\gamma)$ est infinie de l'ordre de :

$$(\gamma - \gamma_0)^{\frac{-n}{1+n}}.$$

En résumé, la fonction $F(\gamma)$ est finie et a une dérivée finie, sauf pour certaines valeurs singulières en nombre fini que j'appellerai :

$$\gamma_0, \quad \gamma_1, \dots$$

Ayant une dérivée, elle satisfera aux conditions de Dirichlet.

154. Étudions maintenant la fonction U considérée comme fonction de $r = e^{i\psi}$. Elle est définie par une intégrale :

$$\int_0^\pi \frac{F(\gamma) \sin\gamma \, d\gamma}{\rho}$$

la quantité sous le signe $\int$ devient infinie pour $\rho = 0$, c'est-à-dire pour :

$$\gamma = \pm \psi$$

Si $\psi = \pm K\pi$ (K entier), elle devient infinie d'ordre $\frac{1}{2}$; si $\psi = K\pi$, elle ne devient pas infinie, car le numérateur $\sin \gamma$ s'annule pour $\gamma = \pm \psi$.

Dans un cas comme dans l'autre l'intégrale reste finie.

U est donc une fonction qui est toujours finie. Nous allons voir maintenant que, sauf en certains points singuliers, elle a une dérivée finie et satisfait, par conséquent, aux conditions de Dirichlet.

Considérons maintenant $\frac{dU}{dr}$.

Soient $\gamma_0, \gamma_1 \ldots$ les valeurs singulières de γ, c'est-à-dire celles qui rendent infinie $F'(\gamma)$.

Nous mettrons ces valeurs singulières en évidence en décomposant l'intégrale U en une somme d'intégrales partielles admettant ces valeurs singulières pour limites, et telles que :

$$(9) \qquad \int_{\gamma_0}^{\gamma_1} \frac{F(\gamma) \sin \gamma}{\rho} \, d\gamma$$

On en conclut que $\frac{dU}{dr}$ sera la somme des dérivées de toutes ces intégrales. Or, l'intégrale (9) peut se transformer en remarquant que :

$$\frac{\sin \gamma}{\rho} = \frac{1}{r} \frac{d\rho}{d\gamma}$$

$$\int_{\gamma_0}^{\gamma_1} \frac{F(\gamma) \sin \gamma}{\rho} \, d\gamma = \int_{\gamma_0}^{\gamma_1} \frac{F(\gamma)}{r} \frac{d\rho}{d\gamma} \, d\gamma$$

$$= \left[\frac{F(\gamma) \rho}{r} \right]_{\gamma_0}^{\gamma_1} - \int_{\gamma_0}^{\gamma_1} \frac{F'(\gamma) \rho}{r} \, d\gamma$$

Comme l'on a :

$$\frac{d\rho}{dr} = \frac{r - \cos\gamma}{\rho}$$

et, par suite :

$$\frac{d\frac{\rho}{r}}{dr} = \frac{P}{r^2\rho}$$

P étant un polynôme entier en r, on voit que $\frac{dU}{dr}$ sera une somme d'expressions, telles que :

$$(10) \qquad \left[\frac{F(\gamma)\,P}{r^2\rho}\right]_{\gamma_0}^{\gamma_1} - \int_{\gamma_0}^{\gamma_1} \frac{F'(\gamma)\,P}{r^2\rho}\,d\gamma$$

155. La première partie ne peut devenir infinie que si ρ s'annule pour $\gamma = \gamma_0$ ou pour $\gamma = \gamma_1$, c'est-à-dire si :

$$r = e^{\pm i\gamma_0}$$

ou :

$$r = e^{\pm i\gamma_1}$$

et, dans ce cas, on aura un infini d'ordre $\frac{1}{2}$.

Quant à l'intégrale, elle restera finie en général.

En effet, la quantité sous le signe $\int$ ne peut devenir infinie que dans deux cas :

1° Quand $F'(\gamma)$ devient infinie, c'est-à-dire pour $\gamma = \gamma_0$ ou pour $\gamma = \gamma_1$;

2° Quand ρ s'annule, c'est-à-dire pour $\gamma = \pm\psi$.

Si ψ n'est pas égal à $\pm\gamma_0$ ou $\pm\gamma_1$, ces deux circonstances ne se produiront pas à la fois ; l'élément correspondant à $\gamma = \gamma_0$, ou $\gamma = \gamma_1$, sera infini d'ordre $\frac{1}{2}$ (ou d'ordre $\frac{n}{n+1}$, si le contact du petit cercle avec le contour est d'ordre n. Vide § 153, *in fine*); l'élément correspondant à $\gamma = \pm \psi$ sera infini d'ordre $\frac{1}{2}$; *l'intégrale restera donc finie*. Ainsi $\frac{dU}{dr}$ *est finie sauf pour un nombre fini de points singuliers :*

$$\psi = \pm \gamma_0, \quad \pm \gamma_1 \ldots$$

156. Qu'arrive-t-il en ces points singuliers? Pour nous en rendre compte, je me contenterai d'un aperçu; supposons que ψ soit très voisin de γ_0 par exemple, et faisons:

$$\psi = \gamma_0 + y, \quad \gamma = \gamma_0 + x,$$

notre intégrale prendra la forme:

$$\int_0^{\gamma_1 - \gamma_0} \frac{dx . \Theta}{x^{\frac{n}{n+1}} (x - y)^{\frac{1}{2}}}$$

Θ étant une fonction de x et y qui ne s'annule pas pour $x = y = 0$.

Posons alors :

$$x = yz$$

il viendra :

$$y^{\frac{-n}{n+1} - \frac{1}{2} + 1} \int \frac{dz\Theta}{z^{\frac{n}{n+1}} (z - 1)^{\frac{1}{2}}}$$

ce qui nous montre que l'intégrale devient infinie d'ordre :

$$\frac{n}{n+1} + \frac{1}{2} - 1. < 1$$

Dans le cas particulier où $n = 1$, le calcul précédent

serait en défaut ; on verrait que l'intégrale admet un infini logarithmique.

En résumé, $\frac{dU}{dr}$ peut devenir infinie, mais d'ordre toujours < 1 $\left(\text{et même} < \frac{1}{2}\right)$. Il en résulte que les intégrales :

$$\int \left| r \frac{dU}{dr} \right| d\psi$$

et :

$$\int | W | d\psi$$

sont finies.

157. On peut se demander maintenant si pour les valeurs *non singulières* de ψ, les fonctions $\frac{dU}{dr}$ et, par conséquent, W satisfont aux conditions de Dirichlet.

Il faut, d'abord, préciser ce que j'entends par là quand il s'agit d'une fonction imaginaire ; je veux dire que la partie réelle et la partie imaginaire y satisfont séparément.

Cela posé, considérons l'intégrale :

$$J = \int_{\gamma_0}^{\gamma_1} \frac{F'(\gamma) P}{r^2 \rho} d\gamma$$

Si ψ est compris entre γ_0 et γ_1, je la partagerai en deux, et je considérerai l'une des deux intégrales :

$$\int_{\gamma_0}^{\psi} \quad \text{ou} \quad \int_{\psi}^{\gamma_1}$$

par exemple la première.

F′ (γ) étant finie, sauf aux limites, sa partie réelle et sa partie imaginaire pourront, l'une et l'autre, être regardées comme la différence de deux fonctions positives de γ. D'autre part, la partie réelle et la partie imaginaire de :

$$\frac{P}{r'^2\rho}$$

qui sont des fonctions de γ et de ψ, pourront être l'une et l'autre regardées comme la différence de deux fonctions négatives et décroissantes, par rapport à ψ, et qui sont finies sauf pour $\gamma = \psi$; si $\gamma - \psi$ est un infiniment petit du premier ordre, elles sont infinies d'ordre $\frac{1}{2}$.

Il en résulte que J sera une somme d'intégrales de la forme suivante :

$$j = \int AB d\gamma$$

où A est une fonction de γ positive, et B une fonction de γ et de ψ négative et décroissante, une somme de pareilles intégrales, dis-je, affectées de l'un des facteurs :

$$+1, \quad -1, \quad +i \quad \text{ou} \quad -i$$

L'intégrale j sera une fonction décroissante de ψ, que la limite supérieure soit fixe ou qu'elle soit égale à ψ.

L'intégrale J sera une somme de fonctions satisfaisant aux conditions de Dirichlet.

Elle y satisfera donc elle-même, et il en sera de même par conséquent de $\frac{dU}{dr}$ et de W.

C. Q. F. D.

158. En résumé, la fonction W est finie et satisfait aux conditions de Dirichlet, sauf en un nombre fini de points singuliers; de plus, l'intégrale :

$$\int |W| \, d\psi$$

est finie.

Nous avons vu, au § 41, que ces conditions suffisent pour que cette fonction soit développable en série de Fourier, laquelle série, d'après le § 149, ne contient que des puissances positives de $e^{i\psi}$.

Ce développement est valable pour toutes les valeurs réelles de ψ; en y faisant $\psi = 0$, on trouve, comme nous l'avons dit au § 146, le développement de Laplace dont la légitimité est ainsi établie.

CHAPITRE XVII

REFROIDISSEMENT DE LA SPHÈRE ET DU CYLINDRE FONCTIONS HARMONIQUES

159. Comme il n'y a que $(2n + 1)$ fonctions sphériques indépendantes d'ordre n, nous pouvons supposer que l'on ait choisi $2n + 1$ de ces fonctions que nous appellerons fonctions sphériques fondamentales, et l'on pourra énoncer le théorème du chapitre précédent de la façon suivante :

Une fonction quelconque de θ et φ peut être représentée par une série dont les termes sont des multiples de fonctions sphériques fondamentales.

Si on considère maintenant une fonction arbitraire de r, θ et φ, elle pourra être mise sous la forme :

$$V = \sum \varphi(r).\, X$$

les X représentant des fonctions fondamentales.

160. Nous allons appliquer ces résultats au problème du refroidissement de la sphère de rayon 1.

On sait que le problème est ramené à la recherche de fonctions U, telles que l'on ait à l'intérieur :

$$(1) \qquad \Delta U + hU = 0$$

et pour $r = 1$:

$$(2) \qquad \frac{dU}{dr} + hU = 0.$$

Supposons que U soit développée en une série de la forme :

$$U = \sum \psi(r) . X$$

les X représentant des fonctions sphériques fondamentales.

Posons :

$$\psi(r) = r^n . \varphi(r)$$

On aura :

$$U = \sum \varphi(r) . \Pi$$

les Π représentant des polynômes sphériques fondamentaux.

161. Nous allons chercher les conditions auxquelles doivent satisfaire les fonctions φ.

On a :

$$\frac{d^2U}{dx^2} = \sum \left[\frac{d^2\varphi}{dx^2}\Pi + 2\frac{d\varphi}{dx}\frac{d\Pi}{dx} + \varphi\frac{d^2\Pi}{dx^2}\right]$$

Or :

$$\frac{d\varphi}{dx} = \frac{d\varphi}{dr}\frac{x}{r}$$

Donc on peut écrire :

$$\frac{d^2U}{dx^2} = \sum \left[\frac{d^2\varphi}{dx^2} \Pi + \frac{2}{r}\frac{d\varphi}{dr} x \frac{d\Pi}{dx} + \varphi \frac{d^2\Pi}{dx^2} \right]$$

et, en remarquant que, comme Π est un polynôme homogène d'ordre n, on a :

$$x\frac{d\Pi}{dx} + y\frac{d\Pi}{dy} + z\frac{d\Pi}{dz} = n\Pi$$

il vient :

$$\Delta U = \sum \left[\Pi\Delta\varphi + \frac{2}{r}\frac{d\varphi}{dr} n\Pi + \varphi\Delta\Pi \right]$$

Or :

$$\Delta\Pi = 0$$

et, d'autre part :

$$\Delta\varphi = \frac{d^2\varphi}{dr^2} + \frac{2}{r}\frac{d\varphi}{dr}$$

Donc :

$$\Delta U = \sum \Pi \left[\frac{d^2\varphi}{dr^2} + \frac{2(n+1)}{r}\frac{d\varphi}{dr} \right]$$

Donc l'équation (1) devient :

$$\sum \Pi \left[\frac{d^2\varphi}{dr^2} + 2\frac{n+1}{r}\frac{d\varphi}{dr} + k\varphi \right] = 0.$$

Par suite, il faudra que chacune des fonctions φ satisfasse à l'équation différentielle :

$$\frac{d^2\varphi}{dr^2} + 2\frac{n+1}{r}\frac{d\varphi}{dr} + k\varphi = 0. \tag{3}$$

Voyons maintenant ce que devient la condition à la limite :

$$\frac{dU}{dr} + hU = 0. \tag{2}$$

On a :

$$U = \sum \varphi(r)\, r^n X$$

$$\frac{dU}{dr} = \sum \left[\frac{d\varphi}{dr} r^n + n\varphi . r^{n-1}\right] X.$$

Donc l'équation (2) donne :

$$\frac{d\varphi}{dr} + (h + n)\,\varphi = 0$$

pour $r = 1$.

162. Il faut que, pour $r = 0$, la fonction $\varphi(r)$. Il reste finie. La théorie des équations linéaires nous apprend qu'une équation du second ordre admet toujours une et, en général, deux intégrales particulières développables, suivant les puissances croissantes (positives ou négatives, entières ou non entières) de r.

Soit donc :

$$\varphi(r) = Ar^\rho + A_1 r^{\rho+1} + A_2 r^{\rho+2} + ...$$

En substituant dans l'équation différentielle, on a, en identifiant à zéro le premier terme :

$$\rho(\rho - 1) + (2n + 2)\,\rho = 0$$

C'est ce que l'on appelle l'*équation déterminante*, parce qu'elle détermine l'exposant ρ du terme de degré le moins élevé.

Les racines sont :

$$\rho = 0$$
$$\rho = -(2n + 1).$$

Cette dernière racine rendrait $\varphi(r)$. Π infinie pour $r = 0$. Soient : φ_0 et φ_1 les solutions de l'équation différentielle correspondant respectivement aux deux racines de l'équation déterminante :

$$\rho = 0, \qquad \rho = -(2n + 1),$$

la solution générale sera :

$$\varphi = a_0\varphi_0 + a_1\varphi_1 ;$$

mais, pour qu'elle reste finie pour $r = 0$, il faut que l'on ait :

$$a_1 = 0.$$

163. Les fonctions $\varphi(r)$ qui figurent dans le développement de U sont des fonctions de n et de k ; la condition :

$$\varphi' + (n + h)\varphi = 0$$

pour $r = 1$, donnera donc une relation entre n et k. A chacune des fonctions U, que nous avons définies dans le problème du refroidissement d'un corps quelconque, correspond une valeur bien déterminée de k ; et, d'après ce qui précède, on ne pourra, en général, trouver qu'un nombre fini de valeurs de n correspondant à cette valeur de k ; la fonction U se réduira alors à un nombre fini de termes : chacun de ces termes satisfera d'ailleurs aux conditions imposées aux fonctions U. En résumé, on voit que les fonctions U relatives à la sphère sont des combinaisons de termes de la forme $\varphi\Pi$.

Si, pour chaque valeur de n, nous considérons $2n + 1$ polynômes fondamentaux, si nous leur associons les fonctions φ correspondant à cette valeur de n et à des valeurs convenables de k :

$$k_1, \ k_2, \ \ldots.. \ k_p$$

nous formerons ainsi des fonctions :

$$\varphi_1 \Pi, \ \varphi_2 \Pi, \ \ldots..$$

que nous appellerons fonctions U fondamentales. Toutes les autres fonctions U seront des combinaisons linéaires de celles-là.

164. Il reste maintenant à résoudre la question suivante :

Étant donnée une fonction arbitraire V de r, θ et φ, peut-on la développer suivant les fonctions U relatives à la sphère ?

Nous commencerons par développer V en série, procédant suivant les polynômes sphériques fondamentaux, soit :

$$V = \sum \theta(r).\Pi.$$

Considérons l'un quelconque des termes de ce développement :

$$\theta(r).\Pi$$

II est un polynôme fondamental.

Envisageons, parmi les fonctions U relatives à la sphère, celles qui contiennent en facteur le polynôme II.

Soient :

$$\varphi_1 \Pi, \ \varphi_2 \Pi, \ \ldots..$$

ces fonctions.

Tout revient à démontrer que $\theta(r)$ est développable suivant les fonctions $\varphi_1, \varphi_2 \ldots$

165. Remarquons, d'abord, que les fonctions $\varphi_1, \varphi_2, \ldots$

restent finies pour $r = 0$. On peut se demander s'il en est de même pour $\theta(r)$.

Nous allons faire voir qu'il en est bien ainsi, dans le cas où V est une fonction analytique au voisinage de l'origine.

En effet, on pourra considérer alors V comme représentée par une série procédant suivant des polynômes homogènes d'ordres successifs :

$$0, 1, 2, \ldots\ldots, n, \ldots\ldots$$

Soit P_n un de ces polynômes.

Je dis qu'on peut le mettre sous la forme :

$$P_n = \Pi_n + r^2\Pi_{n-2} + r^4\Pi_{n-4} + \ldots\ldots$$

$$\Pi_n, \Pi_{n-2}, \Pi_{n-4} \ldots\ldots$$

étant des polynômes sphériques d'ordres :

$$n, (n-2), (n-4), \ldots\ldots$$

En effet, le nombre des coefficients arbitraires de P_n est :

$$\frac{(n+1)(n+2)}{2}.$$

Chaque polynôme sphérique d'ordre p est une fonction linéaire et homogène de $2p+1$ polynômes déterminés ; donc le nombre de coefficients arbitraires contenus dans le second membre est :

$$(2n+1) + (2n-3) + (2n-7) + \ldots\ldots = \frac{(n+1)(n+2)}{2}.$$

Ce nombre est égal au précédent ; donc le développement de P_n est possible.

En portant ces expressions de P_n dans V, cette fonction se trouvera mise sous la forme :

$$V = \sum \theta . H,$$

les θ restant finis pour $r = 0$.

166. Refroidissement du cylindre. — Nous reviendrons sur la question au chapitre suivant ; mais, d'abord, nous allons nous occuper du refroidissement du cylindre, qui conduit à des équations de même forme que pour la sphère.

Considérons le cylindre de rayon 1 et limité par les deux plans :

$$z = a, \qquad z = -a$$

Nous nous servirons des coordonnées semi-polaires r, ω et z.

Cherchons s'il existe des fonctions U de la forme :

$$U = ZW$$

Z étant fonction de z seulement, et W fonction de r et ω.

L'équation :

$$(1) \qquad \Delta U + kU = 0$$

se transforme facilement en remarquant que l'on a :

$$\Delta U = Z \Delta W + W \Delta Z$$

et l'on a :

$$Z \Delta W + W \Delta Z + kZW = 0$$

ou bien :

$$-\frac{\Delta W}{W} = \frac{\Delta Z}{Z} + k$$

Le premier membre ne dépend que de r et ω ; le second, que de z ; il faut donc que l'on ait :

$$-\frac{\Delta W}{W} = \frac{\Delta Z}{Z} + k = k'$$

ce qui donne, en posant :

$$k - k' = k''$$

les deux équations :

$$\Delta W + k'W = 0 \tag{3}$$

$$\Delta Z + k''Z = 0 \tag{4}$$

Considérons maintenant l'équation à la surface :

$$\frac{dU}{dn} + hU = 0 \tag{2}$$

Pour $r = 1$, elle devient :

$$\frac{dW}{dr} + hW = 0 \tag{5}$$

Pour $z = a$:

$$\frac{dZ}{dz} + hZ = 0$$

Pour $z = -a$:

$$-\frac{dZ}{dz} + hZ = 0$$

167. On voit que la fonction Z est assujettie aux mêmes conditions que celle que l'on a considérée dans le parallélipipède rectangle.

On aura donc :

$$Z = \sin \mu z$$

μ étant racine de l'équation transcendante :

$$\operatorname{tg} \mu a = A\mu$$

ou bien :

$$Z = \cos \mu z$$

μ étant racine de :

$$\operatorname{cotg} \mu a = B\mu$$

A et B étant certaines constantes.

168. Cherchons maintenant s'il existe des fonctions W de la forme :

$$W = \varphi(r).\ r^n \cos n\omega$$

ou :

$$W = \varphi(r).\ r^n \sin n\omega.$$

Remarquons que $r^n \cos n\omega$ et $r^n \sin n\omega$ sont des polynômes sphériques d'ordre n, car ce sont les parties réelle et imaginaire de la fonction analytique $(x + iy)^n$.

On peut donc écrire :

$$W = \varphi.\ \Pi$$

D'où l'on conclut, par un calcul qui a déjà été fait précédemment :

$$\Delta W = \Delta\varphi.\Pi + \frac{2n}{r}\frac{d\varphi}{dr}\Pi$$

Comme l'on a ici :

$$\Delta\varphi = \frac{d^2\varphi}{dr^2} + \frac{1}{r}\frac{d\varphi}{dr}$$

on en conclut :

$$\Delta W = \Pi\left[\frac{d^2\varphi}{dr^2} + \frac{2n+1}{r}\frac{d\varphi}{dr}\right]$$

et, par suite, l'équation (3) nous donne :

$$\frac{d^2\varphi}{dr^2} + \frac{2n+1}{r}\frac{d\varphi}{dr} + k'\varphi = 0$$

Voyons maintenant ce que nous donne l'équation à la surface :

$$\frac{dW}{dr} + hW = 0$$

pour $r = 1$.

Prenons, par exemple, pour fixer les idées :

$$W = \varphi r^n \cos n\omega$$

On aura :

$$\frac{dW}{dr} = \frac{d\varphi}{dr} r^n \cos n\omega + n\varphi\, r^{n-1} \cos n\omega$$

ce qui donne :

$$(7) \qquad \frac{d\varphi}{dr} + (n+h)\,\varphi = 0$$

pour $r = 1$.

On verrait comme précédemment que φ doit rester finie pour $r = 0$.

169. Ainsi, dans le cas du cylindre, il y a une infinité de fonctions U qui sont des produits de trois facteurs :

$$Z$$

$$r^n \cos n\omega \qquad \text{ou} \qquad r^n \sin n\omega$$

et :

$$\varphi(r)$$

Il s'agit de savoir si l'on a bien ainsi toutes les fonctions U nécessaires pour la solution du problème.

Pour le démontrer, il faut chercher à développer une fonction quelconque en série procédant suivant ces fonctions U.

Considérons donc une fonction arbitraire :

$$V(\omega, r, z)$$

Regardons, d'abord, r et z comme constants ; V pourra se développer par la série de Fourier :

$$V = \sum A_n \cos n\omega + \sum B_n \sin n\omega$$

Les A_n et les B_n sont des fonctions de r et z.

Regardons r comme constant, et faisons varier z de $-a$ à a.

On sait (cf. § 126) que, dans ces conditions, une fonction quelconque de z peut être développée en série suivant les fonctions Z.

On aura donc :

$$A_n = \sum \alpha Z$$

$$B_n = \sum \beta z$$

les α et les β étant fonctions de r seulement.

On pourra poser :

$$\alpha = \alpha' r^n$$

$$\beta = \beta' r^n$$

et, si l'on peut développer α' et β' suivant les fonctions φ correspondant à la valeur n, on aura effectué la décomposition de V suivant les fonctions U.

CHAPITRE XVIII

SPHÈRE ET CYLINDRE
POSSIBILITÉ DU DÉVELOPPEMENT

170. En résumé, le problème du refroidissement de la sphère et celui du refroidissement du cylindre se ramènent tous deux au développement d'une fonction arbitraire de r définie entre 0 et 1, en une série procédant suivant les fonctions φ satisfaisant aux conditions que nous avons déterminées pour chacun de ces deux problèmes.

Elles doivent d'abord satisfaire à une équation différentielle qui a la même forme dans les deux problèmes.

Nous allons donc faire l'étude de l'équation différentielle :

$$\varphi''(r) + \frac{2n+1}{r}\varphi'(r) + k'\varphi(r) = 0.$$

En posant :

$$k' = \mu^2$$

et en prenant pour nouvelle variable :

$$x = \mu r.$$

on est ramené à l'étude de l'équation différentielle (1) :

$$\frac{d^2\varphi}{dx^2} + \frac{2n+1}{x}\frac{d\varphi}{dx} + \varphi = 0 \tag{1}$$

qui ne renferme qu'un seul paramètre n, qui doit être entier dans le cas du cylindre et égal à la moitié d'un entier impair dans le cas de la sphère.

171. Étude de l'équation différentielle. — Cherchons d'abord s'il existe des séries procédant suivant les puissances croissantes de x satisfaisant à cette équation. On voit aisément que ces séries devront être de la forme :

$$\varphi = \sum A_\beta x^{2\beta}$$

et l'on trouve facilement la loi de récurrence des quantités A :

$$A_{\beta+1}(2\beta+2)(2\beta+1) + A_{\beta+1}(2n+1)(2\beta+2) + A_\beta = 0.$$

D'où l'on tire :

$$A_{\beta+1} = -\frac{A_\beta}{2^2}\frac{1}{(\beta+1)(\beta+n+1)}.$$

Si ρ est la plus petite valeur de β dans le développement, on devra avoir :

$$A_{\rho-1} = 0, \qquad A_\rho \neq 0.$$

ce qui ne peut avoir lieu que pour les valeurs :

$$\rho = 0 \qquad \text{ou} \qquad \rho = -n.$$

Prenons d'abord la solution qui correspond à :

$$\rho = 0.$$

On pourra prendre dans ce cas :

$$A_\beta = \frac{(-1)^\beta}{2^{2\beta}.\Gamma(\beta+1)\Gamma(\beta+n+1)}.$$

On aura ainsi la fonction :

$$\varphi = \sum \frac{(-1)^\beta \left(\frac{x}{2}\right)^{2\beta}}{\Gamma(\beta+1)\Gamma(\beta+n+1)}.$$

C'est une fonction holomorphe dans tout le plan ; ce sera la fonction φ proprement dite.

172. L'équation, étant du second ordre, admet une autre intégrale indépendante de celle-là. C'est celle qui correspond en général au cas de :

$$\rho = -n.$$

On peut la mettre sous la forme :

$$\psi = \sum \frac{(-1)^\lambda \left(\frac{x}{2}\right)^{-2n+2\lambda}}{\Gamma(-n+\lambda+1)\Gamma(\lambda+1)}$$

λ étant un entier prenant toutes les valeurs positives ; mais cette série n'a de sens que dans le cas où n n'est pas entier.

La fonction ψ est, comme on le voit, le produit de x^{-2n} par une fonction entière. Lorsque n est entier, la forme donnée ci-dessus pour ψ devient illusoire. Nous allons chercher quelle est alors la forme de l'intégrale ψ.

Considérons deux intégrales quelconques φ et ψ de l'équation (1) ; elles satisfont à une relation différentielle du premier ordre ; on a :

$$\varphi'' + \frac{2n+1}{x}\varphi' + \varphi = 0$$

$$\psi'' + \frac{2n+1}{x}\psi' + \psi = 0.$$

Multiplions la première équation par $-\psi$, la seconde par φ, et ajoutons ; il vient :

$$(\psi''\varphi - \varphi''\psi) + \frac{2n+1}{x}(\psi'\varphi - \varphi'\psi) = 0.$$

D'où l'on déduit :

$$\psi'\varphi - \varphi'\psi = Cx^{-(2n+1)}.$$

Nous supposerons que l'on choisit ψ de telle sorte que C soit égal à l'unité.

On aura donc :

$$(2) \qquad \psi'\varphi - \varphi'\psi = \frac{1}{x^{2n+1}}.$$

Remarquons que la solution générale de cette équation sera :

$$\psi + k\varphi$$

k étant une constante arbitraire.

Divisons par φ^2 les deux membres. On a, en intégrant :

$$\frac{\psi}{\varphi} = \int \frac{dx}{\varphi^2 . x^{2n+1}},$$

φ étant une fonction entière qui ne s'annule pas pour $x = 0$.

On pourra développer la fonction sous le signe $\int$ en série de la forme :

$$\frac{A}{x^{2n+1}} + \ldots\ldots + \frac{B}{x} + C + Dx + \ldots\ldots$$

On voit qu'en intégrant on trouve :

$$\frac{\psi}{\varphi} = B \log x + x^{-2n}.\theta(x).$$

Ainsi donc, l'intégrale ψ se met, dans le cas de n entier, sous la forme :

$$\varphi \log x + G(x).\, x^{-2n},$$

$G(n)$ étant une fonction entière, et φ étant la première intégrale de l'équation (1).

173. Remarquons que, d'après la définition de la fonction J_n de Bessel :

$$J_n = \sum \frac{(-1)^\beta \left(\frac{x}{2}\right)^{n+2\beta}}{\Gamma(\beta+1)\,\Gamma(n+\beta+1)}$$

on a :

$$\varphi(x) = \left(\frac{x}{2}\right)^{-n} J_n.$$

174. Reprenons maintenant l'équation différentielle sous la forme :

$$x\varphi'' + (2n+1)\varphi' + x\varphi = 0;$$

et cherchons à l'intégrer par la méthode de Laplace.

Posons pour cela :

$$\varphi = \int e^{izx}\, U dz,$$

U étant une fonction de z à déterminer ainsi que le chemin d'intégration.

On aura :

$$\varphi' = \int i z e^{izx} \mathrm{U}\, dz,$$

$$\varphi'' = \int - z^2 e^{izx} \mathrm{U}\, dz;$$

l'équation différentielle donne donc :

$$\int e^{izx} \mathrm{U} \left[x (1 - z^2) + (2n + 1) iz \right] dz = 0.$$

Nous allons choisir U de telle sorte que l'on ait :

$$e^{izx} \mathrm{U} \left[x (1 - z^2) + 2n + 1) iz \right] = \frac{d}{dz} (e^{izx} \mathrm{V}),$$

V étant une certaine fonction de z. On aura :

$$\frac{d}{dz} (e^{izx} \mathrm{V}) = e^{izx} (\mathrm{V}' + ix\mathrm{V}).$$

En identifiant, on a :

$$\mathrm{U} (1 - z^2) = i\mathrm{V},$$
$$\mathrm{U} (2n + 1) iz = \mathrm{V}'.$$

D'où :

$$\frac{\mathrm{V}'}{i\mathrm{V}} = \frac{(2n + 1) iz}{1 - z^2},$$

et en intégrant :

$$\mathrm{V} = \frac{\mathrm{A}}{i} (1 - z^2)^{n + \frac{1}{2}},$$

A étant une constante arbitraire, et par suite :

$$\mathrm{U} = \mathrm{A} (1 - z^2)^{n - \frac{1}{2}},$$

on a donc :

$$\varphi = \mathrm{A}\int e^{izx}\,(1-z^2)^{n-\frac{1}{2}}\,dz.$$

Pour que ce soit une solution de l'équation différentielle, il suffit de prendre le chemin d'intégration de telle sorte que l'expression e^{izx} V s'annule aux limites.

Or, V s'annule pour -1 et $+1$. On pourra donc prendre :

$$\varphi = \mathrm{A}\int_{-1}^{+1} e^{izx}\,(1-z^2)^{n-\frac{1}{2}}\,dz.$$

Comme cette intégrale est une fonction entière, elle coïncide avec la fonction φ, que nous avons déjà définie plus haut (au facteur A près). Pour que ces deux intégrales soient identiques, il faut prendre :

$$\mathrm{A} = \frac{1}{\Gamma\left(n+\frac{1}{2}\right)\Gamma\left(\frac{1}{2}\right)}$$

175. Il s'agit maintenant d'avoir la seconde intégrale.

Remarquons que l'exponentielle e^{izx} s'annule pour $z = +\infty$, lorsque la partie imaginaire de x est positive, et pour $z = -\infty$, lorsque la partie imaginaire de x est négative.

On prendra donc dans le premier cas :

$$\psi = \mathrm{B}\int_{1}^{\infty} e^{izx}\,\mathrm{U}\,dz$$

et, dans le second cas :

$$\psi = \mathrm{C}\int_{-\infty}^{1} e^{izx}\,\mathrm{U}\,dz$$

Nous appellerons ψ_1 la première intégrale, et ψ_2 la seconde.

176. Valeurs asymptotiques. — Nous allons chercher les valeurs asymptotiques des fonctions φ, ψ_2, ψ_3.

Occupons-nous d'abord de la fonction φ.

C'est une fonction de la forme :

$$\int_a^b e^{izx} f(z)\, dz$$

$f(z)$ étant développable en série au voisinage des points a et b.

Nous avons étudié des fonctions de cette forme dans la théorie des valeurs asymptotiques, et nous avons vu qu'en supposant, par exemple, la partie imaginaire de x positive, si l'on a :

$$f(z) = \mathrm{A}(z - a)^\lambda + \ldots$$

la valeur asymptotique de l'intégrale sera :

$$\frac{\mathrm{A}\Gamma(\lambda + 1)\, e^{(\lambda+1)i\frac{\pi}{2}} e^{iax}}{x^{\lambda+1}}$$

Appliquons cette formule au cas présent ; on a :

$$a = -1$$

$$f(z) = (1 - z^2)^{n - \frac{1}{2}}$$

et, par suite :

$$\lambda = n - \frac{1}{2}$$

$$\mathrm{A} = 2^{n - \frac{1}{2}}$$

La valeur asymptotique de $\varphi(x)$ est donc dans ce cas:

$$\frac{1}{\Gamma\left(n+\frac{1}{2}\right)\sqrt{\pi}} \cdot \frac{2^{n-\frac{1}{2}}\Gamma\left(n+\frac{1}{2}\right)e^{\left(n+\frac{1}{2}\right)\frac{i\pi}{2}-ix}}{x^{n+\frac{1}{2}}}$$

$$= \left(\frac{2}{x}\right)^{n+\frac{1}{2}} \frac{e^{-iy}}{2\sqrt{\pi}}$$

en posant:

$$y = x - \left(n+\frac{1}{2}\right)\frac{\pi}{2}$$

On verrait de même que, si la partie imaginaire de x est négative, φ a pour valeur asymptotique:

$$\left(\frac{2}{x}\right)^{n+\frac{1}{2}} \frac{e^{iy}}{2\sqrt{\pi}}$$

Dans le cas où x est réel, il n'y a pas de valeur asymptotique proprement dite; mais on verrait, en raisonnant comme on l'a fait pour la fonction J_0 de Bessel (cf. § 109), que:

$$\lim \left(\frac{x}{2}\right)^{n+\frac{1}{2}}\left[\varphi - \left(\frac{2}{x}\right)^{n+\frac{1}{2}}\frac{1}{\sqrt{\pi}}\cos y\right] = 0$$

et on peut dire, en étendant, comme nous l'avons déjà fait, le sens du mot valeur asymptotique, que l'on a:

$$\varphi \sim \left(\frac{2}{x}\right)^{n+\frac{1}{2}}\frac{\cos y}{\sqrt{\pi}}$$

177. Occupons-nous maintenant des valeurs asymptotiques de ψ_3 et ψ_2.

Supposons la partie imaginaire de x positive, et considérons alors ψ_3 ; d'après ce que l'on a vu dans la théorie des valeurs asymptotiques, la valeur asymptotique de cette fonction sera de la forme :

$$kx^{\rho} e^{iy}$$

D'où l'on déduit aisément que l'on aura :

$$\psi_3' \sim i\psi_3.$$

Comme l'on a d'ailleurs :

$$\varphi \sim -i\varphi$$

on en déduit :

$$\psi_3'\varphi - \varphi'\psi_3 \sim 2i\varphi\psi_3$$

Nous supposons d'ailleurs que la constante B qui figure dans ψ_3 ait été choisie de telle sorte que l'on ait :

$$\psi_3'\varphi - \varphi'\psi_3 = \frac{1}{x^{2n+1}}$$

On aura donc :

$$\psi_3 \sim \frac{1}{x^{2n+1}} \frac{1}{2i\varphi}$$

$$\psi_3 \sim \frac{-i\sqrt{\pi}\, e^{iy}}{(2x)^{n+\frac{1}{2}}}$$

On verrait de même que, lorsque la partie imaginaire de x est négative, on a :

$$\psi_2 \sim \frac{i\sqrt{\pi}\, e^{-iy}}{(2x)^{n+\frac{1}{2}}}$$

178. Possibilité du développement. — Soit maintenant une fonction arbitraire V (r) définie entre 0 et 1, il s'agit de la développer en une série procédant suivant les fonctions φ qui satisfont à l'équation différentielle :

$$\frac{d^2\varphi}{dr^2} + \frac{(2n+1)}{r}\frac{d\varphi}{dr} + \mu^2\varphi = 0.$$

L'intégrale qui convient au problème est la fonction $\varphi(\mu r)$ que nous avons définie précédemment :

D'après la condition à la limite pour $r = 1$, μ devra être une racine de l'équation transcendante :

$$\mu\varphi'(\mu) + H\varphi(\mu) = 0,$$

en posant :

$$H = n + h.$$

Dans le cas du cylindre n est entier, et dans le cas de la sphère n est de la forme $m - \frac{1}{2}$, m étant entier.

179. Pour effectuer le développement, nous allons, suivant la méthode générale, chercher une fonction S satisfaisant à l'équation différentielle :

$$(3) \qquad \frac{d^2S}{dr^2} + \frac{2n+1}{r}\frac{dS}{dr} + \xi^2 S = V$$

ξ étant une certaine constante qui peut recevoir des valeurs réelles ou imaginaires.

S devra satisfaire, en outre, à la condition à la limite :

$$(4) \qquad \frac{dS}{dr} + HS = 0$$

pour $r = 1$.

Pour intégrer l'équation, employons la méthode de la variation des constantes. L'intégrale de l'équation sans second membre est :

$$\alpha\varphi(r\xi) + \beta\psi(r\xi).$$

Considérons maintenant α et β comme des fonctions de r; elles devront satisfaire aux conditions :

$$\alpha'\varphi + \beta'\psi = 0$$
$$\alpha'\varphi' + \beta'\psi' = \frac{V}{\xi}.$$

D'où l'on déduit, en tenant compte de l'équation (2):

$$\alpha' = -V\psi(r\xi)\,\xi^{2n} r^{2n+1}$$
$$\beta' = V\varphi(r\xi)\,\xi^{2n} r^{2n+1}.$$

On a donc :

$$S = -\varphi(r\xi)\int^{r} dC + \psi(r\xi)\int^{r} dB$$

en posant :

$$dB = V\varphi(r\xi)\, r^{2n+1}\xi^{2n}\, dr$$
$$dC = V\psi(r\xi)\, r^{2n+1}\xi^{2n}\, dr.$$

180. Il reste à déterminer les limites d'intégration, de façon que S reste finie pour $r = 0$, et que la condition (4) soit vérifiée.

La fonction $\psi(r\xi)$ devenant infinie pour $r = 0$, il faudra que l'intégrale :

$$\int dB$$

s'annule pour $r = 0$.

La limite inférieure est donc nécessairement zéro.

On pourra donc écrire :

$$S = \varphi(r\xi)\int_r^1 dC + \psi(r\xi)\int_0^r dB + \varphi(r\xi)\,R$$

R étant une fonction de ξ indépendante de r, qu'il s'agit de déterminer de manière à satisfaire à l'équation (4).

On a :

$$S' = \xi\varphi'(r\xi)\int_r^1 dC + \xi\psi'(r\xi)\int_0^r dB + \xi\varphi'(r\xi)\,R$$
$$- \frac{dC}{dr}\varphi(r\xi) + \frac{dB}{dr}\psi(r\xi).$$

Les deux derniers termes se détruisent, et pour $r = 1$ on a :

$$S' = \xi\psi'(\xi)\int_0^1 dB + \xi\varphi'(\xi)\,R.$$

La condition (4) donne donc, en posant :

$$\xi\varphi'(\xi) + H\varphi(\xi) = \theta$$
$$\xi\psi'(\xi) + H\psi(\xi) = \theta_1$$
$$R\theta + \theta_1\int_0^1 dB = 0.$$

On a donc pour S l'expression définitive :

$$(5)\quad S = \varphi(r\xi)\int_r^1 dC + \psi(r\xi)\int_0^r dB - \varphi(r\xi)\frac{\theta_1}{\theta}\int_0^1 dB.$$

181. Remarquons que l'équation (2) ne définissait pas complètement ψ, mais la fonction S n'en est pas moins parfaitement déterminée; car si, comme le permet l'équation (2), on change ψ en $\psi + k\varphi$, on voit que θ_1 devient $\theta_1 + k\theta$, et dC devient $dC + k\,dB$; par suite S ne change pas.

182. Il faut maintenant voir que S est une fonction méromorphe de ξ. Plaçons-nous d'abord dans le cas où n n'est pas entier. Je viens de dire que l'on peut, sans changer S et sans cesser de satisfaire à (2), choisir d'une infinité de manières la fonction ψ. Mais, d'après ce que nous avons vu nous pouvons choisir ψ de telle sorte que la fonction :

$$\psi(r\xi)\,\xi^{2n}$$

soit une fonction entière de ξ.

On en déduit aisément que les deux premiers termes de S sont des fonctions entières. Quant au troisième terme, il devient infini pour les valeurs de ξ qui sont racines de θ, c'est-à-dire pour les quantités μ ; il est cependant une fonction méromorphe de ξ, car le facteur à exposant fractionnaire ξ^{2n} entre au numérateur et au dénominateur, et disparaît.

Dans le cas où n est entier, on a :

$$\psi(r\xi) = \log \xi\,\varphi(r\xi) + \xi^{-2n}\,G$$

G étant une fonction entière par rapport à ξ.

Si l'on transporte cette valeur de ψ dans l'expression de S, on voit que les seules singularités proviennent des termes qui contiennent log ξ.

Calculons le coefficient de log ξ dans S. Ce coefficient est:

$$\varphi(r\xi)\int_r^1 V\varphi(r\xi)\,\xi^{2n}\,r^{2n+1}\,dr$$

$$+\ \varphi(r\xi)\int_0^r V\varphi(r\xi)\,\xi^{2n}\,r^{2n+1}\,dr$$

$$-\ \varphi(r\xi)\int_0^1 V\varphi(r\xi)\,\xi^{2n}\,r^{2n+1}\,dr$$

et on voit qu'il est nul.

Donc la fonction S n'a pas d'autres singularités que des pôles.

183. Cherchons maintenant la valeur asymptotique de S, quand ξ croît indéfiniment dans un azimut déterminé, en laissant de côté les arguments 0 et π.

Si l'on suppose la partie imaginaire de ξ positive, on choisira pour ψ, parmi toutes les fonctions qui satisfont à l'équation (2), l'expression que nous avons désignée par ψ_3, et on aura d'après ce qu'on a vu :

$$\varphi \sim \left(\frac{2}{r\xi}\right)^{n+\frac{1}{2}} \frac{1}{2\sqrt{\pi}}\, e^{-i\left[r\xi-\left(n+\frac{1}{2}\right)\frac{\pi}{2}\right]}$$

$$\psi_3 \sim \frac{-i\sqrt{\pi}}{(2r\xi)^{n+\frac{1}{2}}}\, e^{i\left[r\xi-\left(n+\frac{1}{2}\right)\frac{\pi}{2}\right]}.$$

En substituant les valeurs asymptotiques dans les trois termes de S, on voit que les exposants caractéristiques sont respectivement : 0, 0, $1-r$.

Par suite, on pourra négliger le troisième terme devant les deux premiers.

Calculons alors la valeur asymptotique du premier terme; elle est :

$$\left(\frac{2}{r\xi}\right)^{n+\frac{1}{2}} \frac{1}{2\sqrt{\pi}}\, e^{-i\left[r\xi-\left(n+\frac{1}{2}\right)\frac{\pi}{2}\right]} \int_r^1 \mathrm{V} r^{2n+1}\xi^{2n} \frac{-i\sqrt{\pi}}{(2r\xi)^{n+\frac{1}{2}}}\, e^{i\left[r\xi-\left(n+\frac{1}{2}\right)\frac{\pi}{2}\right]}\, dr.$$

Cette expression se réduit à :

$$\frac{\mathrm{V}}{2\xi^2}.$$

On verrait de même que la valeur asymptotique du

second terme est :

$$\frac{V}{2\xi^2}.$$

Il en résulte que l'on a :

$$S \sim \frac{V}{\xi^2}.$$

Lorsque la partie imaginaire de ξ est négative, en employant la fonction ψ_2 au lieu de ψ_3, on trouve pour S la même valeur asymptotique.

184. Prenons maintenant l'intégrale :

$$\int S\xi \, d\xi$$

le long de cercles choisis de telle sorte qu'ils ne passent par aucun des points μ.

On aura à la limite :

$$\int S\xi \, d\xi = 2i\pi V.$$

En égalant cette expression au produit de $2i\pi$ par la somme des résidus, on obtient le développement :

$$V = \sum - \mu\varphi(r\mu) \frac{\theta_1(\mu)}{\theta'(\mu)} \int_0^1 V\varphi(r\mu) \, r^{2n+1} \mu^{2n} \, dr$$

V se trouve ainsi développé suivant les fonctions φ.

La possibilité du développement était le seul point qu'il nous restât à établir pour achever la solution de la question qui nous occupe.

Les deux problèmes du refroidissement de la sphère et du cylindre peuvent donc être regardés comme entièrement résolus.

TABLE DES MATIÈRES

Tours. — Imprimerie Deslis Frères.

Tours. — Imp. DESLIS FRÈRES